20 perfekte Bewerbungen mit Profil

Christian Püttjer und *Uwe Schnierda* arbeiten seit 1992 als Trainer und Berater in den Bereichen Karriere, Bewerbung und Rhetorik. Ihre Erfahrungen aus Bewerbungsmappen-Checks, Einzelberatungen und Seminaren haben sie, angereichert durch viele Tipps und Übungen, in zahlreichen Ratgebern veröffentlicht. Bei Campus erscheinen von Püttjer & Schnierda unter anderem *Überzeugen mit Anschreiben und Lebenslauf* und *Trainingsmappe Vorstellungsgespräch*.

Christian Püttjer & Uwe Schnierda

20 perfekte Bewerbungen mit Profil

Von den Besten profitieren

Campus Verlag
Frankfurt/New York

Bibliografische Information der Deutschen Bibliothek:
Die Deutsche Bibliothek verzeichnet diese Publikation in der Deutschen Nationalbibliografie.
Detaillierte bibliografische Daten sind im Internet über http://dnb.ddb.de abrufbar.
ISBN-13: 978-3-593-38133-6
ISBN-10: 3-593-38133-8

Copyright © 2006 Campus Verlag GmbH, Frankfurt/Main
Umschlaggestaltung: grimm.design, Düsseldorf
Satz: Julia Walch, Typografie & Herstellung, Bad Soden
Druck und Bindung: Druck Partner Rübelmann, Hemsbach
Gedruckt auf säurefreiem und chlorfrei gebleichtem Papier.
Printed in Germany

Besuchen Sie uns im Internet: www.campus.de

Inhalt

Überzeugen Sie mit perfekten Unterlagen

Seit mehr als 15 Jahren sind wir nun in der Beratung und Unterstützung von Bewerberinnen und Bewerbern tätig und haben vielen Tausenden dabei geholfen, mit aussagekräftigen Bewerbungsunterlagen eine neue Stelle zu finden. Wir bekommen viel positive Rückmeldung, sowohl von Ihnen, den Leserinnen und Lesern unserer Bücher, aber auch aus den Personalabteilungen der Unternehmen. Die Firmen wissen es sehr zu schätzen, wenn Bewerber bereits mit dem Anschreiben und dem Lebenslauf überzeugende Einstellungsargumente liefern. Wie Sie Ihr Können, Ihre Erfahrungen und Ihr Wissen für eine schriftliche Bewerbung optimal aufbereiten, zeigt Ihnen dieser Ratgeber.

Muster aus der Praxis

Immer wieder äußern Bewerberinnen und Bewerber uns gegenüber den Wunsch nach Vorlagen, an denen sie sich bei der Ausarbeitung ihrer schriftlichen Bewerbung orientieren können. Daher haben wir Ihnen in diesem Ratgeber 20 erstklassige Bewerbungsmuster zusammengestellt. Wir haben dabei darauf geachtet, Ihnen eine breite Auswahl vorzustellen. Sie finden in dieser Mappe

- unterschiedliche Layouts für eine ansprechende Gestaltung der Bewerbungsunterlagen,
- aussagekräftige Anschreiben mit zupackenden und aktiven Formulierungen,
- gut aufgebaute Lebensläufe, die Interesse wecken,
- Deckblätter, die echte „Hingucker" sind und
- Leistungsbilanzen, die berufliche Stärken noch einmal in den Mittelpunkt rücken.

Geben Sie sich ein Profil

Sämtliche Bewerbungsmuster sind mit der von uns entwickelten Profil-Methode ausgearbeitet worden. Die Einstellungspraxis der Firmen zeigt: Bewerber setzen sich dann durch, wenn sie bereits in ihrer schriftlichen Bewerbung ein klares Profil erkennen lassen. Was dabei im Einzelnen zu beachten ist, erfahren Sie auf der nächsten Seite: Dort stellen wir Ihnen die Profil-Methode vor.

Lassen Sie sich von den 20 vorgestellten Musterbewerbungen inspirieren. Orientieren Sie sich an den Beispielen erfolgreicher Bewerber, und holen Sie sich Anregungen und Ideen für Ihre schriftlichen Bewerbungen. Damit Sie Ihre Bewerbungsunterlagen individuell erstellen können, finden Sie am Ende dieser Mappe zahlreiche Checklisten. So können Sie nachvollziehen, anhand welcher Regeln und Vorgaben die erfolgreichen Beispielbewerbungen erstellt wurden und die Checklisten selbst nutzen, um Ihre eigenen Unterlagen zu überprüfen und Schritt für Schritt zu optimieren.

Bewerben mit der Püttjer & Schnierda-Profil-Methode

Gesichtslose Bewerber, deren Unterlagen nichtssagend und deren Kenntnisse austauschbar erscheinen, machen es sich und den Unternehmen unnötig schwer, zueinander zu finden. Machen Sie es besser: Sie werden sich im Bewerbungsverfahren mehr Gehör verschaffen, wenn Sie Ihr Profil aussagekräftig und glaubwürdig vermitteln können.
Die Profil-Methode, die wir dazu in unserer über 15-jährigen Beratungspraxis entwickelt haben, hat schon vielen Bewerbern zu mehr Erfolg verholfen.
(www.karriereakademie.de)

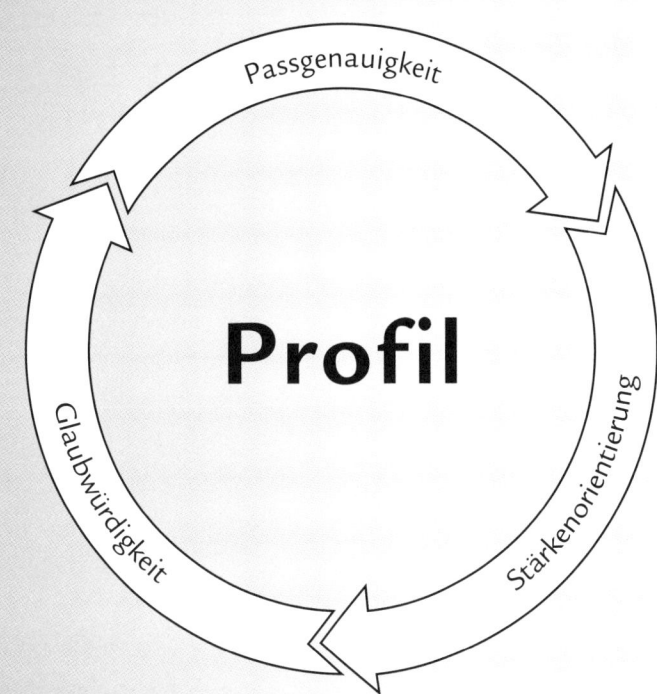

Drei Kernelemente kennzeichnen die Profil-Methode: Punkten Sie mit einer passgenauen Bewerbung, vermitteln Sie Ihre Stärken, und treten Sie glaubwürdig auf.

1. Passgenauigkeit

Je besser Sie in Ihrer Bewerbung auf die Anforderungen der Stelle eingehen, desto höher ist Ihre Erfolgsquote. Machen Sie sich den Blick der Personalverantwortlichen zu Eigen. Die Ausgangslage Ihrer Argumentation sollten immer die Anforderungen des Unternehmens und der zu vergebenden Stelle bilden. So wird Ihre Bewerbung passgenau.

2. Stärkenorientierung

Niemand lässt sich durch Krisen- und Problemschilderungen von etwas überzeugen – auch Unternehmen nicht! Verzichten Sie auf Abwertungen und Relativierungen, und stellen Sie lieber Ihre Vorzüge in den Mittelpunkt Ihrer Bewerbung. So werden Ihre Stärken sichtbar.

3. Glaubwürdigkeit

Verbiegen Sie sich nicht im Bewerbungsverfahren, Ihre Persönlichkeit ist gefragt! Verstecken Sie sich nicht hinter Leerfloskeln und abstrakten Formulierungen, liefern Sie stattdessen nachvollziehbare Beispiele, die Ihre Bewerbung mit Leben füllen. So gewinnen Sie Glaubwürdigkeit.

Alle im Campus Verlag erschienenen Bücher von Püttjer & Schnierda basieren auf der Profil-Methode. Profitieren auch Sie von unserem Wissen. Nutzen Sie diese Arbeitsmappe dazu, sich Schritt für Schritt Ihr eigenes Profil zu erschließen und es anderen zu vermitteln.

Georg Zogalla
Westenbergstraße 45
90482 Nürnberg
Tel. 09 11 / 342 22 33
E-Mail: georg.zogalla@freenet.de

ansprechend !

Bewerbung 1: Logistikplaner
Deckblatt

Initiativbewerbung Logistikplaner
bei der Auto AG
Motorenwerk VII

Georg Zogalla
Westenbergstraße 45
90482 Nürnberg
Tel. 09 11 / 342 22 33
E-Mail: georg.zogalla@freenet.de

Auto AG
Motorenwerk VII
Personalabteilung
Frau Erika Seyboldt

70501 Stuttgart

Nürnberg, 24.03.2006

Initiativbewerbung als Logistikplaner
Unser Gespräch auf der IAA Frankfurt und unser Telefonat von gestern

Sehr geehrte Frau Seyboldt,   *ich erinnere mich*

vielen Dank für die informativen Gespräche. Meine Erfahrungen im Logistikbereich würde ich gerne nutzen, um im Motorenwerk VII die reibungslose Produktion sicherzustellen.

Momentan bin ich bei der CNX AG als Projektplaner tätig. In den vergangenen Jahren war ich für die Beschaffungslogistik und die Distributionslogistik verantwortlich. Aktuell bin ich mit der Programmplanung und Disposition betraut. Ein durchgängiges Merkmal meiner bisherigen beruflichen Tätigkeit ist die Realisierung bestandsminimierter Teileversorgung. In umfangreichen Projekten habe ich ausländische Produktionsstandorte in die Logistikkette eingebunden, Zulieferer integriert und produktionssynchrone Versorgungsnetze eingerichtet.   *gut !*

Nach einem Studienabschluss als Diplom-Ingenieur (TU) bin ich direkt ins Automotive eingestiegen. Für die Ingolstadt AG habe ich in der Motorkonstruktion an der Optimierung der Abstimmung aller beteiligten Bereiche mitgearbeitet und anschließend die Logistik in der Motorenproduktion übernommen.

SAP-Erfahrung bringe ich ebenso mit wie sehr gute Kenntnisse in der branchenüblichen Transportmanagement-Software und den logistischen Systemmodulen. Aus meiner internationalen Projektarbeit bringe ich auch sichere Englischkenntnisse in Wort und Schrift mit.   *routiniert !*

Über die Einladung zu einem Vorstellungsgespräch würde ich mich freuen.

Mit freundlichen Grüßen

Georg Zogalla

Anlagen

Georg Zogalla
Westenbergstraße 45
90482 Nürnberg
Tel. 09 11 / 342 22 33
E-Mail: georg.zogalla@freenet.de

Lebenslauf

Persönliche Daten

Geburtsdatum/-ort	02.05.1968 in Dortmund
Familienstand	verheiratet, 3 Kinder (14, 12 und 8 Jahre alt)

Berufspraxis

01/2003 – heute	CNX AG, Niederlassung Nürnberg, Motorenleitwerk, **Projektplaner Logistik**
06/2005 – heute	Programmplanung und Disposition
	Planung und Realisierung durchgängig beschaffungsorientierter Aufbau- und Ablauforganisationen, Wirtschaftlichkeitsrechnung
01/2004 – 05/2005	Distributionslogistik
	Implementierung einer bestandsminimierten Aggregateversorgung im weltweiten Produktionsverbund der CNX AG, Einbindung ausländischer Produktionsstandorte, Leitung der Projektgruppe „Null-Fehler"
01/2003 – 12/2003	Beschaffungslogistik
	Einrichtung produktionssynchroner Versorgungsnetze, Zuliefererintegration, Sicherung der Transportkette bis zum Einbauort
01/2000 – 12/2002	Ingolstadt AG, Ingolstadt, Bereich Logistik, **Produktionsingenieur,** Produktionslogistik
	Tätigkeiten: Etablierung just-in-time-orientierter Materialabrufe für die Motorenproduktion, produktionsnahe Konzentration der werksinternen Lagerorte
01/1998 – 12/1999	Ingolstadt AG, Wolfsburg, Abteilungen Motorenproduktion und Motorkonstruktion, **Trainee**
	Tätigkeiten: Dokumentation, Prüfstandbetreuung, Qualitätssicherung Mitglied im interdisziplinären Projekt „Optimierte Bereichabstimmung"
06/1993 – 09/1993	Ingolstadt AG, Bremen, Produktion, **Produktionshelfer in der Motorenmontage**

passt genau!

Führung!

Lebenslauf Georg Zogalla, Seite 1

Studium und Ausbildung

10/1993 – 11/1997	Technische Universität Aachen, Maschinenbaustudium
22.11.1997	**Diplom-Ingenieur (TU)**

hochgearbeitet!

09/1989 – 06/1993	Fachhochschule Kiel, Fachbereich Technik, Studium des Maschinenbaus
04.06.1993	**Diplom-Ingenieur (FH)**

08/1983 – 06/1986	Zeche „Glück Auf", Gelsenkirchen, Facharbeiterausbildung zum Schweißer
05.06.1986	**Schweißer,** Fachrichtung Instandsetzung

Wehrdienst und Schule

08/1988 – 09/1989	Panzergrenadierregiment Heide, **Wehrdienst**
08/1986 – 07/1988	Berufsaufbau- und Fachoberschule im Bildungszentrum Mönchengladbach
29.07.1988	**Fachhochschulreife**

Ausgewählte Weiterbildungen

01/2005	Training „Projektmanagement"
10/2004	Seminar „Organisationsentwicklung"
06/2003	Workshop „Teambuilding"
09/2001	Seminar „Qualitätsmanagement II"
03/2001	Seminar „Qualitätsmanagement I"

immer Neues dazugelernt!

Fremdsprachen

Englisch sicher in Wort und Schrift

EDV-Kenntnisse

WinWord (ständig in Anwendung)
Excel (ständig in Anwendung)
PowerPoint (gut)
MS-Project (gut)
CAR-Mais (sehr gut)
MobiLe-Febes (sehr gut)
SAP R/2 (gut)
SAP R/3 (gut, Logistikmodule ständig in Anwendung)

Klasse!

Nürnberg, 24.03.2006

Georg Zogalla

Lebenslauf Georg Zogalla, Seite 2

Georg Zogalla
Westenbergstraße 45
90482 Nürnberg
Tel. 09 11 / 342 22 33
E-Mail: georg.zogalla@freenet.de

Leistungsbilanz

Bewerbung 1: Logistikplaner — Leistungsbilanz

Tätigkeiten und Erfolge in der Logistikplanung

> Generell
Unterstützung des Leiters Logistikplanung in der Planung und Umsetzung von Strukturierungsprojekten innerhalb der Werklogistik;
Führung von bis zu 70 Mitarbeitern. ✓

> Speziell
Realisierung von Just-in-time-Projekten;
Neustrukturierung externer Versorgungsnetze;
Lieferanteneinbindung im Abrufverfahren;
Umsetzung eines ganzheitlichen Beschaffungs- und Versorgungskonzeptes;
Analyse und Optimierung europaweiter Aufbau- und Ablauforganisationen;
Errichtung LEAN-gerechter unternehmensübergreifender Prozessketten vom Lieferanten bis zum Verbauort;
Zertifizierung logistischer Geschäftsbereiche gemäß DIN/ISO 9002.

Ingenieur mit Leib und Seele !
→ aber auch Kosten im Blick

> Erfolge
Sicherstellung der Lieferketten;
Reduzierung von Logistikkosten;
Vermeidung eigener Lagerhaltung;
Standardisierung logistischer Kalkulationsverfahren;
Kostentransparenz.

✓ *erfolgsorientierte Arbeitsweise*

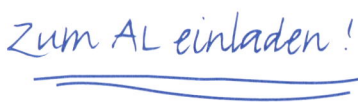
Zum AL einladen !

Deckblatt

Herr Zogalla hat sich für ein Deckblatt entschieden. Auf dem Foto präsentiert sich ein souveräner Bewerber, der es nicht nötig hat, mit irgendwelchen Gags aufzufallen. Das Deckblatt ist klar in die drei Bestandteile Kontaktdaten, Foto und Wunschposition/-unternehmen gegliedert.

Anschreiben

Die mit einer Hintergrundschattierung unterlegten Betreff- und Bezugzeilen orientieren sich in der Gestaltung an dem Deckblatt und kehren später auch in Lebenslauf und Leistungsbilanz wieder. Indem Herr Zogalla ein durchgängiges Layout verwendet, überzeugt er die Personalreferentin davon, dass es sich um eine speziell für ihr Unternehmen angefertigte Initiativbewerbung handelt.

Dass es Herr Zogalla mit seiner Initiativbewerbung ernst meint, zeigt sich an der Mühe, die er aufgewendet hat, um eine geeignete Ansprechpartnerin für seine Bewerbung herauszufinden. Der Besuch der IAA ist in seiner Position und bei seiner Branchenherkunft sicherlich ein Muss. Herr Zogalla nutzte diesen Messebesuch, um sein Profil bei der *Auto AG* ins Gespräch zu bringen. Die Kontaktperson am Messestand hat er vor seiner Bewerbung noch einmal telefonisch kontaktiert.

Lebenslauf

Ein grundsätzliches Problem von Bewerbern aus dem technischen oder naturwissenschaftlichen Bereich hat Herr Zogalla vermieden. In seiner Selbstbeschreibung wimmelt es nicht von technischen Fachtermini, die dem Laien – in diesem Fall der Personalverantwortlichen – nichts sagen. Bei den Tätigkeitsbeschreibungen hat Herr Zogalla die erzielten Ergebnisse in den Vordergrund gestellt. Dadurch zeigt er, dass er erfolgs- und zielorientiert arbeitet.

Leistungsbilanz

Bewerber mit umfassender Berufserfahrung „leiden" nicht selten darunter, dass sich ihr breiter Erfahrungsschatz in Anschreiben und Lebenslauf nicht auf den Punkt bringen lässt. Mit seiner Leistungsbilanz geht Herr Zogalla in die Offensive: Hier stellt er seine *Tätigkeiten und Erfolge in der Logistikplanung* heraus.

Fazit

Hier empfiehlt sich ein Wunschkandidat mit einer perfekten Initiativbewerbung. Eine Einladung zum Vorstellungsgespräch wird erfolgen.

Heiner Lotz, Babenhäuser Str. 32, 63762 Großostheim
Telefon: (0 60 26) 116 49 91, E-Mail: heiner.lotz@web.de

Großhandel GmbH & Co. KG
Bereich Personal
Herrn Diecke
Weinhäuser Allee 1A

63500 Seligenstadt

Großostheim, 15.03.2006

Initiativbewerbung als Vertriebsassistent
Unser Telefongespräch vom 13.03.2006

Sehr geehrter Herr Diecke,

vielen Dank für Ihr Interesse an meiner Bewerbung. Wie bereits am Telefon besprochen, arbeite ich zur Zeit an der Schnittstelle zwischen Vertrieb und Marketing. Zur Weiterentwicklung von Kundenbeziehungen habe ich zielgruppenangepasste Präsentationskonzepte für den Außendienst erarbeitet. Neben der Unterstützung der Vertriebsmannschaft bin ich auch für die Beratung von Kunden und Geschäftspartnern zuständig. ✓ *passt !*

Momentan arbeite ich als Vertriebsmitarbeiter im Innendienst. Neben der Angebotserstellung und der Kalkulation koordiniere ich Marketing- und Sales-Aufgaben. Dazu gehört die Entwicklung und Umsetzung von Konzepten zur Verkaufsförderung und die Erfolgskontrolle der eingesetzten Werbemaßnahmen. Ich arbeite eng mit den Kunden zusammen und berücksichtige bei Werbeaktionen deren individuelle Wünsche und Möglichkeiten. ✓ *okay !*

Vor meiner jetzigen Position war ich als Vertriebs- und Marketingassistent tätig. Zu meinen Hauptaufgaben gehörte die Projektkoordination, die Vorbereitung und Durchführung von Präsentationen und die Auswertung von Marktforschungsdaten. Basis meiner beruflichen Entwicklung ist meine Ausbildung zum Bürokaufmann. ✓ *✓ wichtig für uns*

Um den Ausbau meiner Kenntnisse habe ich mich stets aktiv gekümmert. Ich spreche gut Englisch und beherrsche das MS-Office-Paket sicher. Über eine Einladung zum Vorstellungsgespräch würde ich mich freuen.

Mit freundlichen Grüßen

Anlagen

Heiner Lotz, Babenhäuser Str. 32, 63762 Großostheim
Telefon: (0 60 26) 116 49 91, E-Mail: heiner.lotz@web.de

Okay!

**Initiativbewerbung als Vertriebsassistent
bei der Großhandel GmbH & Co. KG**

Heiner Lotz, Babenhäuser Str. 32, 63762 Großostheim
Telefon: (0 60 26) 116 49 91, E-Mail: heiner.lotz@web.de

Persönliche Daten

geb. am 11.09.1978 in Mainz
verheiratet

Berufliche Entwicklung

08/2004 – heute **Vertriebsmitarbeiter im Innendienst** bei der Baustoffhandel KG, Süderstadt
Tätigkeiten: Angebotserstellung, Koordination von Marketing- und Sales-Aufgaben, Weiterentwicklung von Geschäftsbeziehungen

brauchen wir

02/2001 – 06/2004 **Vertriebs- und Marketingassistent** bei der Baugenossenschaft Häuslebau e.G., Kleinostheim
Tätigkeiten: Auswertung von Marktforschungsdaten, Projektverfolgung, Erstellung von Präsentationsunterlagen

08/2000 – 01/2001 **Vertriebsassistent** bei der Büromöbel GmbH, Mainz
Tätigkeiten: Angebotskalkulation, Angebotserstellung, Kundenberatung, Aufbereitung von Verkaufszahlen

---

Ausbildung und Schule

08/1997 – 07/2000 Ausbildung zum **Bürokaufmann** bei der Büromöbel GmbH, Mainz
07.07.2000 **Bürokaufmann,** Note gut
16.06.1997 **Fachhochschulreife** an den Beruflichen Schulen IV, Wirtschaft, Mainz

Lebenslauf Seite 1

Heiner Lotz, Babenhäuser Str. 32, 63762 Großostheim
Telefon: (0 60 26) 116 49 91, E-Mail: heiner.lotz@web.de

Weiterbildung

09/2005	Sales Akademie, Frankfurt: **Datenbankaufbau für das Direktmarketing**
03/2005	Karriereakademie, Bredenbek: **Überzeugende Rhetorik**
05/2004	IHK Frankfurt: **PowerPoint-Präsentationen**
04/2002	Wirtschaftsakademie, Mainz: **Kostenrechnung in der Praxis** ✓ *bleibt am Ball*

Zusatzqualifikationen

Sprachen	Englisch (gut)
EDV-Kenntnisse	MS-Office (ständig in Anwendung)
	Datenbanken (sehr gut)
	Internetrecherche (sehr gut) ✓ *okay*

Großostheim, 15.03.2006

— ansprechende Unterlagen
— gutes Profil

⟶ unbedingt einladen!

Anschreiben

Die gute Gestaltung des Deckblattes setzt sich beim Anschreiben fort. Auch hier ist eine gute Blattaufteilung gewählt. Herr Lotz bringt die Ausführungen über seine beruflichen Erfahrungen in einer lesefreundlichen Form unter. Die Kopfzeile ist etwas ungewöhnlich, passt aber zum Gesamtbild des Anschreibens, da sie wie auf dem Deckblatt positioniert ist.

Dass diese Initiativbewerbung individuell aufbereitet worden ist, macht auch das Anschreiben deutlich. Es ist an einen persönlichen Ansprechpartner im Unternehmen gerichtet, der vorab recherchiert worden ist. Auch ein Telefongespräch hat stattgefunden. Der Bewerber verweist in der Betreffzeile auf dieses Telefonat, um die Erinnerung des Personalverantwortlichen aufzufrischen. So stimmt er den Adressaten seiner Bewerbungsmappe wohlwollend auf die weitere Prüfung ein.

Deckblatt

Mit dem Bewerbungsfoto gleich auf dem Deckblatt setzt sich Herr Lotz gut „ins Bild". Es zeigt sich, dass er für seine Initiativbewerbung Zeit und Geld investiert hat, denn er hat ein gutes Foto anfertigen lassen. Gerade in Positionen mit Kundenkontakt, wie im Vertrieb, spielt der persönliche Eindruck eine große Rolle. Herr Lotz schafft es mit seinem Deckblatt, den wichtigen ersten Eindruck positiv zu gestalten.

Lebenslauf

Der Leser wird von Herrn Lotz gut durch den Lebenslauf geführt. Die eingefügten Linien über den jeweiligen Blocküberschriften strukturieren den Lebenslauf, ohne störend zu wirken. Schnell kommt der Bewerber auf das Wesentliche: seine berufliche Entwicklung. Die für eine Einstellungsentscheidung wesentlichen Informationen sind an den Anfang des Lebenslaufes gestellt worden.

Zu jeder beruflichen Station sind neben dem Arbeitgeber die genauen Tätigkeitsbezeichnungen und ausgewählte Aufgabengebiete angegeben. Die stichwortartige Nennung bisheriger Arbeitsinhalte zeigt schnell die prinzipielle Eignung als Vertriebsassistent. Sein berufliches Profil bleibt nicht im Dunkeln.

In regelmäßigen Abständen hat Herr Lotz an Weiterbildungsveranstaltungen teilgenommen. Im Block *Weiterbildung* führt er die Seminare mit einem aussagekräftigen Titel auf und nennt auch den jeweiligen Seminarveranstalter. Alle aufgeführten Weiterbildungen passen gut zur angestrebten Position und haben sich sicherlich auch im bisherigen Berufsalltag von Herrn Lotz positiv ausgewirkt.

Fazit

Die Version der Initiativbewerbung von Herrn Lotz zeigt eindringlich, was intensive Detailarbeit bewirken kann. Mit diesen Unterlagen wird ihm eine Einladung zum Vorstellungsgespräch sicher sein.

Bewerbung als Personalsachbearbeiterin
bei der Sachversicherung AG

zielgerichtet!

Regina Brehmerich
Oberanger 87
71229 Leonberg
Telefon: (07 11) 66 43 25
E-Mail: regina.brehmerich@aol.de

gutes Layout

Regina Brehmerich, Oberanger 87, 71229 Leonberg
Telefon: (07 11) 66 43 25, E-Mail: regina.brehmerich@aol.de

Sachversicherung AG
Personalbereich
Frau Kujath
Leonrodstraße 4

86720 Nördlingen

Leonberg, 15.06.2006

Bewerbung als Personalsachbearbeiterin
Ihre Anzeige in der Stuttgarter Zeitung und unser Telefongespräch vom 12.06.2006

kommunikationsstark

Sehr geehrte Frau Kujath,

vielen Dank für das Interesse an meiner Bewerbung. — *stimmt!*

Wie bereits kurz am Telefon besprochen, arbeite ich zurzeit als Sachbearbeiterin bei der Leasinggesellschaft mbH. Meine Tätigkeiten im Personalbereich umfassen die Pflege von Personalakten, Teile der Gehaltsabrechnung und die Auswertung von Statistiken. Bei meinem Arbeitgeber stehe ich zudem Mitarbeitern als Erstkontakt bei sozialversicherungsrechtlichen Fragen zur Verfügung. Ergänzt werden diese Tätigkeiten durch die Angebotsverfolgung und die telefonische Kundenberatung und -betreuung.

passt zur Stelle!

Auf meine jetzige Stelle habe ich mich mit einer einjährigen Weiterbildung zur Fachkraft für Personal vorbereitet. Mein Ziel war es, mich für Aufgaben im Personalbereich zu qualifizieren. Die Weiterbildung habe ich parallel zu meiner Tätigkeit als Sekretärin im Vertriebsinnendienst durchgeführt. Begonnen habe ich meine berufliche Entwicklung mit einer Ausbildung zur Rechtsanwalts- und Notargehilfin.

Leistungsbereit!

Die MS-Office-Produkte Word und Excel sind mir sehr gut vertraut. Daneben habe ich gute Kenntnisse im Bereich Datenbanken und nutze regelmäßig das Internet zu Recherchezwecken. Meine Englischkenntnisse sind gut und im Sozialversicherungsrecht halte ich mich ständig auf dem Laufenden.

Ich würde mich freuen, Ihnen in einem Gespräch weitere Informationen geben zu können.

Mit freundlichen Grüßen

R. Brehmerich

Anlagen

Regina Brehmerich, Oberanger 87, 71229 Leonberg *
Telefon: (07 11) 66 43 25, E-Mail: regina.brehmerich@aol.de ✓

Lebenslauf Seite 1

Persönliche Daten

geb. am 12.03.1965 in Tübingen
verheiratet, zwei Kinder (9 und 11 Jahre) — *okay!*

Berufliche Entwicklung

06/2004 – heute	**Sachbearbeiterin** bei der Leasinggesellschaft mbH, Leonberg *Organisatorische Tätigkeiten:* Telefonische Kundenberatung und -betreuung, Unterstützung des Außendienstes, Führen von Statistiken, Nachverfolgung von Leasingangeboten, Koordination interner Abläufe *Tätigkeiten im Personalbereich:* Pflege von Personalakten, Urlaubsplanung, Provisionsberechnung, Ansprechpartnerin in sozialversicherungsrechtlichen Fragen

sehr gut!

03/2003 – 03/2004	**Weiterbildung zur Fachkraft für Personal**, Akademie der Wirtschaft e. V., Böblingen, berufsbegleitend außerhalb der Arbeitszeit *Inhalte:* Anlegen und Fortführung von Personalakten, Urlaubsplanung, Gehaltsabrechnung, Grundzüge des Arbeits- und Tarifvertragrechts, Sozialversicherung in der Praxis

aktuelles Wissen

09/2002 – 03/2004	**Sekretärin** bei der Getränkegroßhandel KG, Böblingen *Tätigkeiten:* Vertriebsinnendienst, Kundenbetreuung, Kreditoren- und Debitorenbuchhaltung, Aufbereitung von Verkaufszahlen, Reisekostenabrechnung, Kollegenvertretung im Personalbüro
01/2002 – 06/2002	**Kontoristin** bei der Timesharing GmbH (Personalvermittlung), Böblingen *Tätigkeiten:* Pflege von Personalkarteien, Abrechnung, Kundenberatung
02/1998 – 12/2000	**Sekretärin** im Steuerbüro Lehmkuhl, Leonberg, Teilzeit *Tätigkeiten:* Korrespondenz und Aktenverwaltung

Tätigkeitsschwerpunkte passen!

10/1993 – 01/1998	**Kindererziehung**
08/1990 – 09/1993	**Rechtsanwalts- und Notargehilfin** in der Kanzlei

Dr. Makowski & Partner, Tübingen
Tätigkeiten: Terminverwaltung, Büroorganisation, Vorbereitung von Verträgen und Urkunden, Gebührenberechnung und Rechnungserstellung

sorgfalt

Ausbildung

08/1987 – 07/1990	Ausbildung zur Rechtsanwalts- und Notargehilfin in der Kanzlei
	Dr. Makowski & Partner, Tübingen
13.07.1990	**Rechtsanwalts- und Notargehilfin**

Soziales Jahr/Schule

07/1986 – 07/1987	Freiwilliges Soziales Jahr im Landeskrankenhaus Tübingen, Krankenbetreuung
30.06.1986	Realschulabschluss

Engagement

Weiterbildung

02/2005	Sozialversicherungsrecht im Personalbüro, IHK Stuttgart ✓
01/2001 – 12/2001	Erwerb des PC-Führerscheins an der Bildungsakademie Stuttgart
	Inhalte: MS-Office, Datenbanken, Internet, Intranet ✓

Zusatzqualifikationen

Sprachen	Englisch (gut)
EDV-Kenntnisse	MS-Office (ständig in Anwendung) ✓
	Datenbanken (gut)
	Internetrecherche (sehr gut)

Leonberg, 15.06.2006 Regina Brehmerich

R. Brehmerich

*Interessante Bewerberin,
könnte zu uns passen
→ Einladung!*

Deckblatt

Das Deckblatt von Frau Brehmerich bietet eine gute Seitenaufteilung. Es wirkt klar und modern, was auch durch das Bewerbungsfoto im Querformat unterstrichen wird. Durch das größere Fotoformat wirkt ihr erster visueller Auftritt überzeugend. Sie tritt persönlich in Erscheinung. Ein Faktor, der in der Betreuung und Beratung von Mitarbeitern wichtig ist.

Anschreiben

Die Bewerberin weist in der Betreffzeile darauf hin, dass ein telefonischer Kontakt stattgefunden hat, bevor das Anschreiben erstellt wurde. Telefongespräch und Erstellungsdatum liegen so nah beieinander, dass von einer zielgerichteten Bewerbung ausgegangen werden kann. Zudem hat sie, obwohl keine Telefonnummer in der Stellenanzeige genannt wurde, nicht davor zurückgeschreckt, einen persönlichen Kontakt zum Unternehmen herzustellen. Den gewünschten Spaß am Umgang mit Menschen und ihre Kontaktstärke hat sie damit schon bewiesen.

Hier schreibt eine Bewerberin, die verstanden hat, worauf es ankommt. Obwohl die Erfahrungen im Personalbereich nur einen Teil ihrer beruflichen Erfahrungen ausmachen, stellt sie diese besonders heraus. Sie verliert sich nicht in unwichtigen Informationen und nennt nur die Punkte, die für sie sprechen. Die Anforderungen aus der Stellenanzeige werden sehr gut abgearbeitet. Auch auf die zukünftigen Aufgaben geht Frau Brehmerich ein und kann deshalb als passgenaue Bewerberin überzeugen.

Lebenslauf

Die Gestaltung des Lebenslaufes lehnt Frau Brehmerich an die des Anschreibens an. Die Positionierung und die Formatierung der Adresse sind bei beiden gleich. So wirken die Unterlagen wie aus einem Guss. Es ist zu erkennen, dass der Lebenslauf extra für diese Bewerbung angefertigt wurde.

Auf die Darstellung ihrer Berufserfahrung verwendet die Bewerberin die ganze erste Seite ihres Lebenslaufes. Zu jeder beruflichen Station sind neben dem Arbeitgeber die genauen Tätigkeitsbezeichnungen und ausgewählte Aufgabengebiete angegeben.

Fazit

Die Bewerberin liefert ein überzeugendes, inhaltlich ausgestaltetes und auf die Stelle zugeschnittenes Anschreiben. Ihr Lebenslauf macht ihre Entwicklung sichtbar und vertieft den guten Eindruck.

Maren Kauselmann, Hägenstraße 43, 30828 Garbsen

Tel. (0511) 76 73 67, E-Mail: Maren.Kauselmann@aol.de

Import Gesellschaft AG

Personalabteilung: Frau Baumann

Im Gewerbegebiet 28

30002 Hannover

Garbsen, 15. Juni 2006

Bewerbung als Teamsekretärin

Ihre Anzeige in Jobpilot.de vom 8. Juni 2006

Sehr geehrte Frau Baumann,

in der Projektverfolgung, der Auftragsbearbeitung und der Erstellung von Präsentationsunterlagen verfüge ich über umfangreiche berufliche Erfahrungen, die ich gerne bei Ihnen als Teamsekretärin einbringen würde. Auch die Auswertung von Verkaufsstatistiken und die enge Zusammenarbeit mit dem Außendienst sind mir vertraut.

Zurzeit arbeite ich als Teamsekretärin für die Warenhausgesellschaft mbH in Lehrte. Neben meinen Aufgaben in der Terminüberwachung und Projektkoordination erledige ich die Geschäftskorrespondenz und organisiere Abteilungsmeetings. Bei meinen Aufgaben arbeite ich mit MS-WinWord, MS-Excel, MS-PowerPoint und Oracle-Datenbanken. Um die Projektverfolgung effizienter zu gestalten, habe ich mich in die Software MS-Project eingearbeitet. *lernbereit*

Grundlage für meine berufliche Entwicklung war eine Ausbildung zur Kauffrau für Bürokommunikation. Mit gezielten Weiterbildungsseminaren halte ich mich in meinem Arbeitsbereich auf dem Laufenden.

Für ein Vorstellungsgespräch stehe ich Ihnen gerne zur Verfügung.

Mit freundlichen Grüßen

Maren Kauselmann

kommt auf den Punkt!

Maren Kauselmann, Hägenstraße 43, 30828 Garbsen
Tel. (05 11) 76 73 67, E-Mail: Maren.Kauselmann@aol.de

LEBENSLAUF

Persönliche Daten   geb. am 10.08.1970 in Celle, ledig

Berufstätigkeit

Aufgaben im Griff!

07/2002 bis heute   Teamsekretärin bei der Warenhausgesellschaft mbH, Lehrte
Terminüberwachung und Koordination, Erstellung von Präsentationsunterlagen für den Vertrieb, Auswertung von Verkaufszahlen, Vor- und Nachbereitung von Meetings, Spesenabrechnung, Geschäftskorrespondenz

01/2000 bis 06/2002   Verkäuferin bei City Moden KG, Hannover
Verkauf, Wareneingangskontrolle, Lagerverwaltung
parallel dazu Weiterbildung im EDV-Bereich — *engagiert!*

01/1999 bis 10/1999   Akquisitionsassistentin bei der Union Spedition GmbH, Braunschweig
Pflege der Kundenkartei, Terminvereinbarung, telefonische Akquise

04/1997 bis 12/1998   Direktionsassistentin im Institut für Biotechnologische Forschung, Universität Hannover
Projektverfolgung, Bearbeitung von Forschungsanträgen, Terminplanung, Recherche, Korrespondenz   *gewissenhaftes Arbeiten*

4/1994 bis 03/1997   Büroangestellte beim Landeskirchenamt Celle
Immobilienverwaltung, Sekretariatsaufgaben

11/1993 bis 03/1994   Sekretärin bei der Bauteile GmbH, Celle
Verwaltung und Abwicklung der Korrespondenz

▶ *Lebenslauf Seite 2*

Bewerbung 4: Teamsekretärin
Lebenslauf

Ausbildung

10/1990 bis 06/1993   Ausbildung zur Kauffrau für Bürokommunikation, Vereinigte Bürodienste GmbH & Co. KG, Celle

Studium und Schule

10/1988 bis 09/1990   Grundstudium der Sozialpädagogik an der Fachhochschule Nordostniedersachsen

30.06.1988   Fachhochschulreife an der Fachoberschule Celle

Weiterbildungen

10/2004   Karriereakademie, Kiel, Präsentieren mit PowerPoint   *top!*

09/2003   Business-Coaches, Hannover, Schwierige Kunden klug überzeugen

04/2002 bis 06/2002   VHS Garbsen, MS-Office für Fortgeschrittene, berufsbegleitender Abendkurs

11/1999   IHK Hannover, Ausbildereignungsprüfung

02/1999   Verkäuferakademie, Richtig telefonieren

08/1993 bis 10/1993   Fortbildungsakademie der Wirtschaft (FAW), Braunschweig, Datenbanken und ihr Einsatz im Büroalltag

Zusatzqualifikationen

EDV-Kenntnisse   MS-WinWord, MS-Excel (beide ständig in Anwendung)   ✓

                  PowerPoint, MS-Access, Oracle-Datenbanken, MS-Project, SPSS, Tourenplanungssoftware (alle gut)   ✓

Sprachen   Englisch (sicher in Wort und Schrift)

Garbsen, 15. Juni 2006

Maren Kauselmann

MEINE BERUFLICHEN ERFAHRUNGEN

Branchenerfahrungen
- Handel
- Verwaltung   ✓   *flexibel*
- Spedition
- Baubranche

Tätigkeitsbereiche
- Terminplanung und -überwachung
- Verkaufsförderung
- Außendienstunterstützung
- Immobilienverwaltung   *vielseitig einsetzbar*
- Lagerverwaltung
- Wareneingangskontrolle   ✓
- Projektverfolgung
- Korrespondenz

Besondere Stärken
- Erarbeitung zugeschnittener Präsentationen
- Abstimmung Innendienst/Außendienst   ✓   *kaufmännisches Denken*
- Datenaufbereitung und -auswertung

Garbsen, 15. Juni 2006

Maren Haupelmann

*Termin f. Gespräch
vereinbaren!*

Anschreiben

Das Anschreiben von Maren Kauselmann ist ansprechend gestaltet. Neben der Telefonnummer ist zusätzlich ihre private E-Mail-Adresse aufgeführt – so wird gleich deutlich, dass sie fit in der E-Mail-Kommunikation ist. Anhand von Bezug- und Betreffzeile weiß die angeschriebene Personalverantwortliche, Frau Baumann, gleich, um welche Stelle es geht. Im eigentlichen Anschreibentext werden viele gute Einstellungsargumente geliefert. Schon den ersten Absatz nutzt die Bewerberin, um wesentliche berufliche Erfahrungen herauszustellen. Anschließend werden die Aufgaben am momentanen Arbeitsplatz beschrieben. Frau Kauselmann verweist außerdem auf ihre Weiterbildungsbereitschaft.

Foto

Genauso viel Mühe wie mit ihrem Anschreiben hat sich Frau Kauselmann auch mit dem Foto gegeben. Das Bild ist professionell erstellt worden. Es ist gut ausgeleuchtet, die Bewerberin blickt freundlich in die Kamera, und auch ihre Kleidung ist passend.

Lebenslauf

Der Lebenslauf ist klar gegliedert und übersichtlich. Damit alle wesentlichen Informationen aufgeführt werden, hat Frau Kauselmann die Blöcke *Persönliche Daten, Berufstätigkeit, Ausbildung, Studium und Schule, Weiterbildungen* und *Zusatzqualifikationen* gebildet. Hier präsentiert sich eine Bewerberin, die umfangreiche Informationen gut strukturieren kann. Die für eine Einstellung wesentlichen Stationen finden sich gleich auf der ersten Seite. Dort hat die Bewerberin ihre bisherigen Arbeitsverhältnisse – beginnend mit der aktuellen Stelle – aufgeführt. Die von Personalverantwortlichen immer wieder kritisierten Lücken im Lebenslauf gibt es hier nicht. Frau Kauselmann liefert durchgehende Angaben in Monat und Jahr. Die Bewerberin spielt mit offenen Karten: Geschickt werden erklärungsbedürftige Brüche wie das abgebrochene Studium eingebunden, ohne dass sie zum Stolperstein werden. Diese Kandidatin steht zu ihrem Werdegang und stellt überzeugend ihre beruflichen Erfahrungen und Kenntnisse heraus.

Leistungsbilanz

Ihre Leistungsbilanz hat die Bewerberin mit der Überschrift *Meine beruflichen Erfahrungen* versehen und in die Blöcke *Branchenerfahrungen, Tätigkeitsbereiche* und *Besondere Stärken* unterteilt. Auf einen Blick stechen die wesentlichen Informationen über Ihr Profil förmlich ins Auge. Damit schafft Frau Kauselmann eine Klammer für ihre sehr vielfältigen beruflichen Erfahrungen.

Fazit

Mit diesen überzeugenden Bewerbungsunterlagen und Ihrem überzeugenden beruflichen Profil punktet Frau Kauselmann. Personalverantwortliche werden gespannt sein auf den persönlichen Auftritt im Vorstellungsgespräch.

Yvonne Böckler

Ernst-Barlach-Ring 462
35397 Gießen
Tel. 06 41 – 9 87 65 54
E-Mail: Y.Boeckler@yahoo.com

Konsumgüter AG
Human Resource Management
Herr Achim Manthey
Industriestraße 112–116

67056 Ludwigshafen

Gießen, 15.05.2006

Bewerbung als Leiterin Marketing
Ihre Anzeige im Handelsblatt vom 12.05.2006

Sehr geehrter Herr Manthey,

momentan betreue ich verantwortlich die strategische Projektsteuerung im Unternehmensbereich Marketing und Vertrieb der Handelshaus GmbH & Co. KG aA. Die Beurteilung und Umsetzung internationaler Vermarktungsprojekte gehört ebenso in meinen Verantwortungsbereich wie das Controlling durchgeführter Vertriebs- und Marketingmaßnahmen. Daneben bin ich als Sprecherin des Unternehmensbereiches sowohl für die PR als auch für die Gestaltung der Beziehungen zu Geschäftspartnern zuständig. *gut !*

Nach dem Abschluss meines Studiums der Betriebswirtschaft war ich für die Werbeartikel GmbH als Einkäuferin tätig. Dort gehörten zu meinen Aufgaben die Warenbeschaffung, die Lieferantenauswahl und die Sortimentsanalyse. Für meine momentane Position habe ich mich über Tätigkeiten als Vertriebs- und Marketingassistentin qualifiziert, in denen ich Werbekonzepte entwickelt und umgesetzt, die Verkaufsförderung betreut und Marktanalysen durchgeführt habe. Seit 2002 bin ich als Führungskraft tätig und direkt dem Geschäftsführer unterstellt.

Aufgrund meiner international ausgerichteten Aufgabenbereiche sind sehr gute Englischkenntnisse für mich selbstverständlich. Gute Russischkenntnisse und gezielte Weiterbildungen an der Schnittstelle von Vertrieb und Marketing ergänzen mein Profil. Ich möchte meine berufliche Entwicklung im Handel auf der Grundlage der von mir bisher erreichten Markterfolge bei Ihnen vorantreiben. Für ein vertiefendes Gespräch stehe ich Ihnen gerne zur Verfügung.

Mit freundlichen Grüßen

Anlagen

Yvonne Böckler

Ernst-Barlach-Ring 462
35397 Gießen
Tel. 06 41 – 9 87 65 54
E-Mail: Y.Boeckler@yahoo.com

Persönliche Daten

geb. am 10.09.1971 in München, ledig

Berufspraxis

07.2002 bis heute	Handelshaus GmbH & Co. KG aA, Gießen, Unternehmensbereich Marketing und Vertrieb, Position <u>Managerin Strategische Projektsteuerung</u>, Tätigkeiten: Beurteilung und Steuerung internationaler Vermarktungsprojekte, Produktdefinitionen, Erstellung von Marketingbudgets, Sprecherin des Unternehmensbereiches, Überprüfung und Bewertung durchgeführter Vertriebs- und Marketingmaßnahmen, Markt-, Verbraucher- und Wettbewerbsanalysen, Gestaltung und Umsetzung von Marketingstrategien
07.1999 bis 06.2002	Lykra GmbH, München, Abteilung Marketing, Position <u>Marketingassistentin,</u> Tätigkeiten: Organisation und Leitung von Promotionveranstaltungen, Werbemittelbeschaffung, Anzeigenschaltung, Betreuung der Fachpresse
10.1997 bis 06.1999	Kurzwaren KG, München, Abteilung Verkaufsförderung, Position <u>Vertriebsassistentin,</u> Tätigkeiten: Entwicklung und Umsetzung von Direktmarketingaktionen, Katalog- und Werbeträgeraktualisierung, Aufbereitung statistischer Daten
08.1996 bis 07.1997	Werbeartikel GmbH, Nürnberg, Abteilung Einkauf, Position Einkäuferin, Tätigkeiten: Warenbeschaffung, Einholen von Angeboten, Sicherstellung von Lieferterminen, Dokumentation von Preis- und Lieferbedingungen

Studium, Auslandsaufenthalt, Schule

10.06.1996	<u>Diplom-Betriebswirtin (FH)</u>
10.1991 bis 06.1996	Fachhochschule Passau, Studium der Betriebswirtschaft, Schwerpunkte Marketing und Personal
10.1994 bis 02.1995	<u>Auslandssemester</u> an der Sunderland University, Großbritannien
09.1990 bis 08.1991	Auslandsaufenthalt in Boston, USA, Au-pair
12.07.1990	Fachhochschulreife

Zusatzqualifikationen

Sprachen	<u>Englisch (sehr gut)</u> *(handschriftlich: !)*
	Russisch (gut)
EDV	MS-Excel und MS-WinWord (sehr gut), MS-PowerPoint (gut)

Weiterbildungen   *toller Einsatz!*

10.2004	Channel-Marketing (WorldWideSuccess/WWS)
08.2004	Controlling im Vertrieb (Management Group)
06.2004	Fokussierung von Vertriebszielen (SalesAkad)
01.2003	Strategische Sales-Aktivitäten (Management Group)
08.2002	Führungskräfte Intensivtraining: Motivieren, präsentieren, kritisieren (Karriereakademie)
04.2002	Erfolgsfaktor Messeauftritte (SalesAkad)
09.2001	Erstellung von Marketingplänen (Böhnisch & Partner)
11.1999	Erfolgreiche Verhandlungsführung (Karriereakademie)
02.1998	Direktmarketing für Praktiker (Inhouse Marketing)
10.1996	Warengruppenplanung (Böhnisch & Partner)
09.1996	Lieferantenanalysen – Stimmen Qualität, Termine, Preise? (ProFiTools)

Aktuelle Vertriebs- und Marketingerfolge   — *vielversprechend!*

- Erfolgreiche Einführung der Produktlinie Taking Care of Business (Bürozubehör) in südeuropäischen Märkten
- Ausbau der Marktposition von Day-Planner (Terminplanungssysteme) um 15 Prozent in Deutschland
- Aufbau einer marktbeherrschenden Stellung von Gold&Silver-Pen (Luxusschreibgeräte) in Osteuropa

Gießen, 15.05.2006

(Unterschrift)

Informative Unterlagen!
Einladen!

Anschreiben

Das Anschreiben von Frau Böckler ist übersichtlich gestaltet. Auch der Anschreibentext ist klar gegliedert, weshalb eine Orientierung im Anschreiben leicht fällt. Die Kontaktdaten der Bewerberin sind vollständig, sie hat auch eine private E-Mail-Adresse angegeben. Auch hat sie auf unangemessene Abkürzungen verzichtet.

Frau Böckler nutzt den wertvollen Platz im Anschreiben, um ihr Profil so nah wie möglich auf die ausgeschriebene Stelle auszurichten. Sie verschenkt keinen Platz mit inhaltsleeren Floskeln, sondern steigt gleich zu Beginn des Anschreibentextes in den Profilabgleich ein. Sie geht auf die Forderung nach Marketing- und Führungserfahrung in vertriebsstarken Handelsunternehmen mit den Angaben *momentan betreue ich verantwortlich die strategische Projektsteuerung im Unternehmensbereich Marketing und Vertrieb der Handelshaus GmbH & Co. KG aA* ein. Ihre berufsqualifizierenden Abschlüsse werden von ihr ebenso aufgeführt wie die erwünschte Beschaffungserfahrung, die sie in ihrer Einstiegsposition als Einkäuferin sammeln konnte.

Lebenslauf

Was Frau Böckler in den einzelnen Stationen ihrer Berufstätigkeit gemacht hat, ist aus den Tätigkeitsangaben ersichtlich. Vage Formulierungen haben keinen Platz im Lebenslauf der Bewerberin. Auch vermeidet es Frau Böckler, sich unter Wert zu verkaufen, und hat für die Darstellung im Lebenslauf die aussagekräftigsten Tätigkeitsangaben ausgewählt. Dabei hat sie den ihr zur Verfügung stehenden Spielraum genutzt und diejenigen Tätigkeiten in den Vordergrund gestellt, die auch in der neuen Position zum Tragen kommen.

Die von der Bewerberin angegebenen Weiterbildungsmaßnahmen unterstreichen ihre Weiterentwicklung im Beruf. Frau Böckler hat in jeder Station Weiterbildungsbereitschaft gezeigt und für ihre jeweiligen Aufgabenbereiche sinnvolle Seminare und Trainings besucht.

Fazit

Ein sehr gutes Selbstmarketing der Marketingexpertin. Ihre Einkaufserfahrung lässt vermuten, dass sie die Aufgaben in der Beschaffung spezifischer Handelsware bewältigen können wird.

Frank Stolzenburg
Sallstraße 47
30003 Hannover
Tel. 05 11 / 1 23 54 76
E-Mail: frank.stolzenburg@t-online.de

Food GmbH & Co. KG
Abt. Personal
Herrn Karl-Günter Schmitz
Industriepark 50

65843 Sulzbach

Hannover, 18.05.2006

Bewerbung als Area Sales Manager
Ihre Anzeige in der FAZ vom 13.05.2006 und unser Telefonat

Sehr geehrter Herr Schmitz,

vielen Dank für das informative Telefongespräch. Meine Erfahrungen in der Entwicklung von nationalen und internationalen Vermarktungskonzepten in der Nahrungsmittelindustrie würde ich gerne
in Ihr Unternehmen einbringen.

Seit 12 Jahren bin ich als Diplom-Kaufmann in den Bereichen Vertrieb und Marketing tätig. Die eigenverantwortliche Account-Planung gehörte bereits ebenso zu meinen Aufgaben wie die Entwicklung
und Durchführung von Promotionmaßnahmen, der Aufbau von CRM-Systemen und die Betreuung von
Produkteinführungen und Relaunches. In meiner Tätigkeit als Key-Account-Manager habe ich die strategische Geschäftsentwicklung mitverantwortet. *passt!*

In meiner jetzigen Position bin ich als Produktmanager im Mittelstand für die Gestaltung der Zusammenarbeit mit dem Lebensmitteleinzelhandel zuständig. Mit Umsatzverantwortung versehen betreue ich die strategische Sortimentsausweitung und überprüfe die Produkteffizienz durch Sortimentsanalysen. Mit der Einführung eines unternehmensübergreifenden Category-Management konnte ich
den LEH enger an das Unternehmen binden und mehr Mitsprache bei der Präsentation unserer
Produkte erreichen.

Über die Einladung zu einem Vorstellungsgespräch würde ich mich freuen.

Mit freundlichen Grüßen

Anlagen

Frank Stolzenburg
Sallstraße 47
30003 Hannover
Tel. 05 11 / 1 23 54 76
E-Mail: frank.stolzenburg@t-online.de

Bewerbung als Area Sales Manager
bei der Food GmbH & Co. KG ✓

Anlagenverzeichnis

– Lebenslauf
– Leistungsbilanz

– Arbeitszeugnis Kühlgeräte GmbH & Co. KG
– Arbeitszeugnis Tiefkühlkost AG
– Arbeitszeugnis Handelsmarken AG

– Urkunde Diplom-Kaufmann   *okay !*

– Weiterbildungszertifikat „Aktives Beziehungsmanagement"
– Weiterbildungszertifikat „Vertriebscontrolling"
– Weiterbildungszertifikat „Vertriebswerkzeuge"
– Weiterbildungszertifikat „Strategischer Key-Account"

Bewerbung 6: Area Sales Manager
Deckblatt

Frank Stolzenburg
Sallstraße 47
30003 Hannover
Tel. 0511 / 123 54 76
E-Mail: frank.stolzenburg@t-online.de

Lebenslauf

Persönliche Daten

Geburtsdatum/-ort	03. 05. 1968 in Kaltenkirchen
Familienstand	verheiratet, 2 Kinder (4 und 2 Jahre alt)
Staatsangehörigkeit	deutsch

Berufserfahrung

10/2001 – heute Gourmetspezialitäten GmbH, Peine, Produktmanager, Tätigkeiten: Umsatzverantwortung, Entwicklung von nationalen und internationalen Vermarktungskonzepten im Lebensmitteleinzelhandel für Produktneueinführungen
und Relaunches, Durchführung von Marktanalysen, Projekt: unternehmens-
übergreifendes Category-Management, Sonderaufgabe: Kostensenkungsprogramm Display-Standardisierung

passt!

10/2000 – 09/2001 Kühlgeräte GmbH & Co. KG, Celle, Key-Account-Manager, Tätigkeiten: eigenverantwortliche Account-Planung, strategische Geschäftsentwicklung,
Entwicklung und Durchführung von Verkaufsförderungsmaßnahmen

01/1998 – 09/2000 Tiefkühlkost AG, Braunschweig, Promotion-Manager, Tätigkeiten: Koordi-
nation der Vertriebs- und Marketingaktivitäten, Planung, Durchführung und
Kontrolle aller Promotionmaßnahmen für den Handel, Aufbau von CRM-
Systemen

10/1994 – 12/1997 Handelsmarken AG, Hannover, Assistent des nationalen Key-Account-Ma-
nagers, Tätigkeiten: Kundenbetreuung, Vorbereitung von Jahresgesprä-
chen, Konkurrenzanalysen

Studium

04/1989 – 08/1994 Universität Hannover, Studium der Betriebswirtschaft
25.08.1994 Diplom-Kaufmann

Lebenslauf Frank Stolzenburg: Seite 1

Schule und Wehrdienst
01/1988 – 03/1989   Luftwaffengeschwader IV, Wehrdienst
30.06.1987   Abitur

Fremdsprachen
Englisch (sehr gut)
Französisch, Spanisch (beide gut)

EDV-Kenntnisse
WinWord (ständig in Anwendung)
PowerPoint (sehr gut)   *sehr gut!*
Excel (ständig in Anwendung)
Access-Datenbanken (sehr gut)

Weiterbildung
06/2004   Verkaufsakademie Hannover: „Aktives Beziehungsmanagement – Neue Wege zum Kunden"
03/2003   Weiterbildungs GmbH: „Vertriebscontrolling – Kosten im Griff"
04/2001   Softwarehaus GmbH: „Excel und Access als Vertriebswerkzeuge"
12/2000   Trainingscentrum Wiesbaden: „Strategischer Key-Account"   *interessant!*

Hobbys
Schwimmen, Fitnessstudio, Oldtimer-Restauration

Hannover, 18.05.2006

Lebenslauf Frank Stolzenburg: Seite 2

Leistungsbilanz

Branchenerfahrung

12 Jahre Marketing- und Vertriebserfahrung durch Tätigkeiten bei international ausgerichteten Konsumgüterherstellern in den Bereichen Markenartikel und Discount Food

Arbeitsschwerpunkte

- Customer Relationship Management
- Benchmarking
- Koordination von Vertriebs- und Marketingaktivitäten
- Marken-Promotion
- Key-Account
- Strategische Geschäftsentwicklung
- Verkaufsförderung
- Produktmanagement

Besondere Erfolge

- Strategische Sortimentsausweitung
- Überprüfung der Produkteffizienz durch Sortimentsanalysen (Category Management)
- Kostensenkungsprogramme in der Verkaufsförderung im sechsstelligen Euro-Bereich
- Vermarktungskonzept Kühlgeräte für Lifestyle-Food
- Aufbau enger Beziehungen zum Lebensmitteleinzelhandel
- Markteinführung „Asian-Food für Gourmets"
- Vermarktungskonzept Single-Tiefkühlkost
- Relaunch „Der Minuten-Snack"

Hannover, 18.05.2006

Top-Bewerber, hat mich überzeugt, unbedingt einladen !

Leistungsbilanz Frank Stolzenburg

Anschreiben

Herr Stolzenburg wählt für sein Anschreiben eine klassische Aufmachung. Die Anschrift der Firma steht unter seinem Absender, damit begrenzt er den ihm zur Verfügung stehenden Platz für den Anschreibentext. Dieser wird jedoch so optimal von ihm genutzt, dass er mit der konventionellen Gestaltung formal und inhaltlich überzeugen kann.

Seinen Anschreibentext formuliert Herr Stolzenburg mit einer hohen Informationsdichte. Schlagworte, die auf die Nähe bisheriger Aufgaben zur ausgeschriebenen Position hinweisen, machen ihn interessant. Geschickt nutzt der Bewerber Umschreibungen von Anforderungen aus der Anzeige, beispielsweise *Category-Management*, durch die Angabe *Überprüfung der Produkteffizienz durch Sortimentsanalysen*. An zwei Stellen gerät er in Gefahr, zu knapp zu formulieren. Nämlich bei den Stichworten *CRM-Systeme* und *LEH*. Wahrscheinlich hat er aber im vorab geführten Telefonat den Eindruck gewonnen, dass dem Personalreferenten diese Ausdrücke vertraut sind. Er kann sie jetzt nutzen, um seine Branchenverbundenheit herauszustellen.

Deckblatt

Herr Stolzenburg nutzt das Deckblatt auch als Anlagenverzeichnis, um auf die mitgelieferte Leistungsbilanz hinzuweisen und die passgenauen Weiterbildungen in den Blick zu rücken. Durch die Nennung der mitgelieferten Arbeitszeugnisse wird schon an dieser Stelle seine Branchenerfahrung untermauert.

Lebenslauf

Der Leser wird sehr gut durch den Lebenslauf geführt. Die unterstrichen formatierten Bezeichnungen springen sofort ins Auge. Lesefreundlich ist auch, dass der Bewerber dem Leser die Orientierung erleichtert: Unten rechts auf der Seite sieht der Leser gleich, an welcher Stelle der Bewerbungsmappe er sich gerade befindet und dass der Lebenslauf aus zwei Seiten besteht.

Die im Anschreiben genannten Schlagworte und Schlüsselbegriffe hat der Bewerber beruflichen Stationen zugeordnet. Sie sind im Rahmen der üblichen Aufgaben in den jeweiligen Positionen plausibel. Durch den Verweis auf das *Category-Management-Projekt* und die Sonderaufgabe *Kostensenkungsprogramm* wird einerseits das berufliche Engagement des Bewerbers sichtbar, andererseits beweist es auch seine Fähigkeit zum unternehmerischen Denken.

Leistungsbilanz

Der Bewerber Frank Stolzenburg rundet die Einheit aus Anschreiben, Deckblatt und Lebenslauf mit einer Leistungsbilanz ab. Dem Leser in der Personalabteilung werden noch einmal alle für eine Einladung zum Vorstellungsgespräch relevanten Daten vor Augen geführt. Es wird deutlich, dass dieser Kandidat ein berufliches Profil mitbringt, das sich sehr gut mit den neuen Aufgaben deckt.

Fazit

Eine Bewerbung, die auf den Punkt kommt und eine Einladung zum Vorstellungsgespräch nach sich ziehen wird.

Lars Hoppe • Westring 330 • 51149 Köln

Tel. (02 21) 132 43 34 • Mobil (0178) 453 21 23 • E-Mail: Lars.Hoppe@gmx.de

Bewerbungsunterlagen für die
Optotek GmbH & Co. KG

Einstiegsposition: Ingenieur für das Entwicklungsteam
Ihre Stellenanzeige in der WAZ vom 11.02.2006

Lars Hoppe • Westring 330 • 51149 Köln
Tel. (02 21) 132 43 34 • Mobil (0178) 453 21 23 • E-Mail: Lars.Hoppe@gmx.de

Optotek GmbH & Co. KG
Personalabteilung
Max-Planck-Platz 1

D-44795 Bochum

gute Gestaltung!

Köln, 16.02.2006

Bewerbung als Ingenieur für das Entwicklungsteam ✓
Ihre Stellenanzeige in der WAZ vom 11.02.2006

Sehr geehrte Damen und Herren,

interessante Erfahrungen

neben einem Abschluss als Diplom-Ingenieur (FH) bringe ich erste berufliche Erfahrungen in der Durchführung von Testreihen und der Entwicklung optoelektronischer Komponenten mit.

Mein Studium der Feinwerktechnik mit dem Schwerpunkt Mess-, Steuerungs- und Regelungstechnik habe ich gerade abgeschlossen. Für die Genuk GmbH habe ich im Rahmen meiner Diplomarbeit optoelektronische Messverfahren entwickelt. Dazu gehörte die Prüfplatzentwicklung, die Inbetriebnahme und die Dokumentation. Basis für die praktische Diplomarbeit war ein vorheriges Praktikum bei der gleichen Firma, in dem ich Testreihen für die Qualitätssicherung durchgeführt habe.

Leistungswille!

Studienbegleitend war ich auf Teilzeitbasis für die Röllner GmbH in Düsseldorf tätig. In der Konstruktion habe ich Stücklisten erstellt und den Kontakt zu Lieferanten gehalten.

selbstständigkeit

Gute Englischkenntnisse bringe ich ebenso mit wie gute Kenntnisse in der objektorientierten Programmierung. Den Umgang mit gängiger Bürosoftware beherrsche ich sicher. *sehr gut!*

Ich könnte Ihnen ab sofort zur Verfügung stehen. Über eine Einladung zu einem Vorstellungsgespräch würde ich mich freuen.

Mit freundlichen Grüßen

Lars Hoppe

Anlagen

Lars Hoppe • Westring 330 • 51149 Köln
Tel. (02 21) 132 43 34 • Mobil (0178) 453 21 23 • E-Mail: Lars.Hoppe@gmx.de

LEBENSLAUF

gelungener Aufbau!

Persönliche Daten
geb. am 23.06.1980 in Köln
verheiratet

Praktika, berufliche Tätigkeiten

06/2005 – 12/2005	Genuk GmbH, Niederlassung Köln, Unternehmensbereich Entwicklung, Abteilung Prüfverfahren, Diplomand:

– Entwicklung optoelektronischer Messverfahren zur Scannersteuerung, Prüfplatzentwicklung, Inbetriebnahme des Prüfplatzes, Dokumentation — *gut!*

02/2003 – 06/2003	Genuk GmbH, Niederlassung Köln, Unternehmensbereich Qualitätssicherung, Qualitätstechnisches Labor, Praktikant:

– Entwicklung und Konstruktion von Messaufbauten, Durchführung von Qualitätssicherungstests, Abstimmung mit Zulieferern — *teamfähig!*

10/2003 – 03/2005	Röllner GmbH, Düsseldorf, Abteilung Konstruktion, studienbegleitende Teilzeittätigkeit:

– Stücklistenerstellung, Werkstoffauswahl, Auswahl von Lieferanten ✓

10/2000 – 09/2001	Röllner GmbH, Düsseldorf, Vorpraktikum:

– Metall- und Kunststoffbearbeitung

Studium

10/2001 – 02/2006	Fachhochschule Köln, Studium der Feinwerktechnik, Schwerpunkt Mess-, Steuerungs- und Regelungstechnik ✓
06/2005 – 12/2005	Diplomarbeit in Zusammenarbeit mit der Genuk GmbH: „Entwicklung optoelektronischer Messverfahren zur Linearführung von Trommelscannern", Note 1,6
06.02.2006	Diplom-Ingenieur (FH), Note 2,03 ✓

– Seite 1 -

Schule und Wehrdienst

10/1999 – 09/2000	Wehrdienst, Nachschubbataillon IV, Heide
08.06.1999	Abitur am Goethe-Gymnasium, Köln, Note 2,7

Zusatzqualifikationen

Sprachen:	Englisch (gut in Wort und Schrift), Französisch (Grundkenntnisse)
Programmierung:	CNC, Siemens Step 5 (beide gut), C++ (sehr gut), Turbo Pascal, Visual Basic, Assembler-Programmierung (alle gut)
Konstruktion:	CATIA (gut), IDEAS (Grundkenntnisse)
Rechnerarchitekturen:	Unix-Workstations (gut), PC-Netzwerke (gut)
Anwendungssoftware:	WinWord, Excel, Harvard Graphics (alle gut)

> sehr gut!

Interessen

Regelmäßiger Besuch der Hannover Industriemesse *— Praxisorientierung!*

Hobbys

Fahrradtouren (Frankreich, Italien)

okay!

Köln, 16.02.2006

[Unterschrift] Lars Hoppe

Einladung!

Anschreiben

Das Anschreiben ist überzeugend gestaltet. Fast alle Formalien, wie eigene Kontaktdaten, Firmenanschrift, Position und Fundstelle der Anzeige, sind erfüllt – nur die persönliche Ansprache fehlt. Natürlich sollten Bewerber nicht vor einer telefonischen Auskunft zurückschrecken. Denn wenn es irgendwie möglich ist, sollte die Bewerbungsmappe an einen konkreten Ansprechpartner im Unternehmen gesandt werden. Manchmal schafft man es als Bewerber aber beim besten Willen nicht, per Telefon in die Personalabteilung durchzudringen. In diesem Fall gibt es dann nur den Weg, die Mappe an die zuständige Abteilung zu schicken und das Anschreiben wie hier mit der Formel *Sehr geehrte Damen und Herren* zu beginnen. Sieht sich das Unternehmen nicht in der Lage, einen Ansprechpartner für die Fragen der Bewerber abzustellen, ist dieses Vorgehen in Ordnung.

Die Anforderungen an Soft Skills nimmt der Bewerber ernst. Anhand von beruflichen Aufgaben macht er deutlich, dass er die geforderten persönlichen Fähigkeiten mitbringt: Aus der Angabe *studienbegleitend war ich auf Teilzeitbasis … tätig* können Personalverantwortliche den Leistungswillen herauslesen. Die Fähigkeit zum selbstständigen Arbeiten ergibt sich aus den Stichworten *Prüfplatzentwicklung*, *Inbetriebnahme* und *Dokumentation*.

Lebenslauf

Lars Hoppe hat sich für ein ansprechendes, modernes Layout entschieden. Die Kopfzeile mit seiner Adresse ist im Lebenslauf genauso wie im Anschreiben gestaltet, wodurch die Bewerbungsunterlagen einheitlich wirken. Die Zwischenüberschriften zu den einzelnen Blöcken sind mit Linien unterlegt. Dadurch ist der Lebenslauf gegliedert, aber nicht zerrissen.

Aussagekräftige Schlagworte beschreiben die Tätigkeiten, die er in seinen Praktika kennen gelernt und ausgeübt hat. Mit den Angaben *Prüfplatzentwicklung*, *Entwicklung und Konstruktion von Messaufbauten*, *Durchführung von Qualitätssicherungstests* und *Abstimmung mit Zulieferern* empfiehlt er sich als passgenauer Bewerber.

Alle im Lebenslauf aufgeführten Unternehmen werden mit dazugehöriger Rechtsform und Standort sauber aufgelistet. Dort wo es sich anbot, hat Herr Hoppe auch den Unternehmensbereich und die Abteilung angegeben, in denen er eingesetzt worden ist.

Fazit

Herr Hoppe ist auf einem erfolgversprechenden Weg. Nach diesen sehr guten Unterlagen freut man sich auf das Gespräch mit diesem Bewerber. Wenn er auch im Vorstellungsgespräch so souverän ist, wie seine Bewerbungsunterlagen nahe legen, wird ihm der Einstieg in seine Wunschposition gelingen.

Bewerbung als
Assistentin Marketing/Vertrieb
bei der
Autoteile GmbH & Co. KG

 — sympathisch

Sonja Reesch, Blücherstraße 34, 30916 Isernhagen
Tel. (0 51 51) 45 34 56, E-Mail: S.Reesch@aol.de

Sonja Reesch, Blücherstraße 34, 30916 Isernhagen
Tel. (0 51 51) 45 34 56, E-Mail: S.Reesch@aol.de

Autoteile GmbH & Co. KG
Personalabteilung: Herr Wander
Dieselstraße 76
30123 Burgdorf

Isernhagen, 10. Januar 2006

Bewerbung als Assistentin Marketing/Vertrieb
HAZ vom 07. Januar 2006 und unser Telefonat von heute

Sehr geehrter Herr Wander,   *ich erinnere mich: netter Kontakt*

vielen Dank für das freundliche Telefongespräch und die zusätzlichen Informationen zur Stelle. Hier sind, wie besprochen, nähere Auskünfte zu meinen Qualifikationen.

Neben meinem Studienabschluss als Diplom-Betriebswirtin bringe ich eine erfolgreich abgeschlossene Ausbildung zur Industriekauffrau mit. Berufliche Erfahrungen konnte ich bereits in den Bereichen Vertriebsunterstützung, Marketing, Einkauf und Logistik sammeln.   *umfangreiche Erfahrungen!*

Für das Autohaus Wulff & Söhne KG in Hildesheim habe ich in der Marketingabteilung Wettbewerberanalysen durchgeführt, Datenbanken gepflegt und Direktmarketingaktionen umgesetzt. Daneben konnte ich erste Erfahrungen in der Agentursteuerung sammeln. Im Vertriebsbereich habe ich Werbemaßnahmen kalkuliert, Termine für den Außendienst vereinbart und PR-Aktivitäten koordiniert.   *leistungsstark*

Meine Diplomarbeit habe ich zum Thema „Optimierung von Absatzwegen" geschrieben. Der Schwerpunkt meines Studiums war Absatzwirtschaft und Marketing. Selbstverständlich spreche ich sehr gut Englisch. Das MS-Office-Paket beherrsche ich sicher und bringe wie gewünscht auch die Ausbildereignung (AEVO) mit.

Über die Einladung zu einem Vorstellungsgespräch würde ich mich freuen.

Mit freundlichen Grüßen

Sonja Reesch

Sonja Reesch, Blücherstraße 34, 30916 Isernhagen
Tel. (0 51 51) 45 34 56, E-Mail: S.Reesch@aol.de

LEBENSLAUF

Persönliche Daten

geb. am 06.06.1978 in Lehrte, ledig

Berufstätigkeit und Praktika

passende Erfahrungen

06/2004 bis 09/2004   Maklerbüro Detlef Schoof GmbH, Hannover, Praktikantin in der Vertriebsunterstützung, Tätigkeiten: Koordination von PR-Aktivitäten, Angebotsverfolgung, Kalkulation von Werbemaßnahmen, Terminvereinbarung für den Außendienst

03/2004 bis 04/2004   Autohaus Wulff & Söhne KG, Hildesheim, Praktikantin in der Marketing-abteilung, Tätigkeiten: Wettbewerberanalyse, Pflege der Datenbank für das Direktmarketing, Agentursteuerung

10/2001 bis 12/2003   Telepower Vertriebsgesellschaft mbH, Lehrte, Teilzeitkraft im Vertriebsinnendienst, parallel zum Studium, Tätigkeiten: Verkaufsförderung, Kundenbetreuung, Unterstützung des Außendienstes, Projekt: Promotionaktivitäten im Rahmen der Verkaufsförderung   *interessant!*

07/2001 bis 08/2001   City Moden GmbH, Lehrte, Aushilfe im Rechnungswesen, Tätigkeiten: Abrechnungen, Debitoren- und Kreditorenbuchhaltung

07/1999 bis 07/2000   Lifestyle Concept GmbH (Importeur und Anbieter von Wohnungs-accessoires), Burgdorf, Abteilungen Einkauf und Logistik, Industriekauffrau, Tätigkeiten: Bestandsmanagement und Bedarfs-ermittlung, Konditionenverhandlung, Überwachung und Sicherstellung von Lieferterminen

praxisorientierte Bewerberin

Studium

26.09.2005	Diplom-Betriebswirtin (FH)
01/2005 bis 06/2005	Diplomarbeit: Entwicklung eines betriebswirtschaftlichen Leitfadens zur Optimierung der Absatzwege *— gut!*
10/2000 bis 09/2005	Studium der Betriebswirtschaftslehre an der Fachhochschule Nordostnieder-sachsen, Schwerpunkte: Absatzwirtschaft und Marketing *— passt!*

Ausbildung und Schule

15.06.1999	Industriekauffrau
09/1996 bis 06/1999	Lifestyle Concept GmbH, Burgdorf, Ausbildung zur Industriekauffrau
10.06.1996	Fachhochschulreife an der Fachoberschule Lehrte

Weiterbildung

11/2004	IHK Hannover, Ausbildereignungsprüfung *aktiv*
10/2004 bis 02/2005	VHS Lehrte, MS-Office für Fortgeschrittene, Abendkurs
08/2003 bis 03/2004	Berlitz School, Hannover, Business-English II und III, Abendkurs
01/2002	Pädagogik-Institut, Lehrte, Lern- und Arbeitstechniken

Zusatzqualifikationen

EDV-Kenntnisse	MS-WinWord, MS-Excel (beide sehr gut) ✓
	PowerPoint, MS-Access, MS-Project (alle gut) ✓
Sprachen	Englisch (verhandlungssicher) ✓

Isernhagen, 10. Januar 2006

Sonja Reesch

Einladung zum Vorstellungsgespräch!

Deckblatt

Sonja Reesch sorgt mit ihrem Deckblatt für positive Aufmerksamkeit. Ihr professionell angefertigtes Foto vermittelt eine dynamische und sympathische Persönlichkeit. So sammelt sie beim Leser in der Firma erste Pluspunkte. Weitere Pluspunkte gibt es dafür, dass sie das Deckblatt individuell gestaltet hat. Die angeschriebene Firma und die ausgeschriebene Stelle werden genannt.

Anschreiben

Das Anschreiben macht einen sehr guten Eindruck. Die Bewerberin hat sich für einen konventionellen Aufbau entschieden, der gut gegliedert ist. Auch die Schriftgröße ist passend. Frau Reesch kann in der Geschäftskorrespondenz bestehen.

Mit dem Hinweis auf das vorab geführte Telefonat mit dem Personalverantwortlichen Herrn Wander verdeutlicht die Bewerberin ihre Kommunikationsfähigkeit und Kontaktstärke. Das gewünschte Qualifikationsprofil wird von ihr sehr gut getroffen, mit knappen, aber präzisen Angaben stellt sie ihre Passgenauigkeit heraus. Ausgewählte Beispiele verdeutlichen, dass Frau Reesch nicht nur den gewünschten Studienabschluss, sondern auch erste Berufspraxis mitbringt.

Lebenslauf

Frau Reesch hat eine ganze Menge vorzuweisen. Da sie vor dem Studium eine Ausbildung zur Industriekauffrau absolviert hat, kann sie bereits mit Berufserfahrungen punkten. Bewusst hat sie daher den Block *Berufstätigkeit und Praktika* an den Anfang des Lebenslaufes gestellt. Die Berufserfahrungen, die Frau Reesch nach der Ausbildung sammeln konnte, hat sie taktisch klug mit geeigneten Praktika im Studium ergänzt. Auch die Aushilfsjobs zur Finanzierung des Studiums werden von ihr gut dargestellt. Eine Bewerberin mit Biss!

Fazit

Mit dieser Bewerbung geht Frau Reesch in Führung. Sie macht ihr individuelles Profil deutlich und arbeitet ihre Nähe zu den Einsatzfeldern Marketing und Vertrieb sehr gut heraus. Wenn sie auch im Vorstellungsgespräch so souverän auftritt, wird ihr die Stelle sicher sein.

Martin Fittkau
Brunnenstraße 182
10119 Berlin

Tel. 030 – 123 12 34
Handy 01 78 – 432 13 21

Messebau GmbH
Herr Franke
Im Gewerbepark 49
10111 Berlin

ansprechend!

Berlin, 15. Februar 2006

Bewerbung als Tischler/Holzmechaniker
Ihr Stellenangebot in der Berliner Morgenpost vom 11. Februar 2006

Sehr geehrter Herr Franke,

während meiner Tätigkeit als Tischler für die Zeitarbeit AG konnte ich bereits umfassende Erfahrungen im Messebau sammeln. So haben wir spezielle Messestände für Reiseanbieter, Industriekunden und öffentliche Verbände konzipiert und montiert. Die Vorgaben unserer Kunden nach innovativen, kostengünstigen und termingerechten Lösungen konnten wir dabei immer erfüllen.

Grundlage meiner beruflichen Erfahrungen ist meine abgeschlossene Ausbildung zum Tischler, die ich einige Jahre später durch eine Fortbildung zum staatlich geprüften Holztechniker ergänzt habe. Ich habe in unterschiedlichsten Branchen gearbeitet, um immer wieder neue Erfahrungen zu sammeln: beispielsweise als Bauleiter bei der Sanierung von Fincas auf Teneriffa und als Tischler/Holztechniker bei der Möbelhaus AG, wo ich für die Auslieferung und Montage von Einbauküchen verantwortlich war. *sucht Herausforderung*

Gerne würde ich meine umfassenden Erfahrungen bei Ihnen als Tischler beziehungsweise Holzmechaniker im Messebau einbringen. Ich könnte Ihnen kurzfristig zur Verfügung stehen. Weitere Informationen zu meinem Werdegang gebe ich Ihnen auch gerne in einem persönlichen Gespräch.

Mit freundlichen Grüßen

Martin Fittkau

Martin Fittkau   Tel. 030 – 123 12 34
Brunnenstraße 182   Handy 01 78 – 432 13 21
10119 Berlin

**Bewerbung als Tischler/Holzmechaniker
bei der Messebau GmbH**

ansprechendes Foto
und Deckblatt!

Martin Fittkau	Tel. 030 – 123 12 34
Brunnenstraße 182	Handy 01 78 – 432 13 21
10119 Berlin	

Lebenslauf

Persönliche Daten

geb. am 30.05.1958 in Berlin, ledig
Führerschein Klasse B

Berufserfahrung

06/2005–10/2005	Tischler bei der Innenausbau GmbH (Insolvenz der Firma in 10/2005): vorwiegend Innenausbau von neuen McDuck Filialen / Schnellimbisskette
10/1999–04/2004	Tischler / Holztechniker bei der Möbelhaus GmbH: Auslieferung und Montage von Einbauküchen beim Kunden vor Ort, Nachbesserung bei Reklamationen, Einarbeitung neuer Kollegen
01/1999–07/1999	Tischler auf Mallorca: freie Mitarbeit beim Um- und Ausbau verschiedener gastronomischer Objekte
06/1998–12/1998	Tischler / Holzmechaniker für die Zeitarbeit AG in Berlin: Einsatz bei wechselnden Auftraggebern: Sonderanfertigungen für Messen und Events, Innenausbau
09/1993–04/1998	Bauleitung für die Dr. Meyer Immobilien auf Teneriffa: Sanierung und Instandsetzung von Fincas und Appartements, Arbeitsvorbereitung, Terminplanungen, Preisverhandlungen, Auftragsvergabe, Verhandlungen mit Behörden
09/1987–06/1993	Tischler bei der Möbelmacher GmbH in Berlin: vorwiegend Einbauküchenplanung, Tourenplanung, Montage beim Kunden vor Ort
03/1981–06/1985	Tischler bei der Natura GmbH & Co. KG in Berlin: Korpusfertigung im Maschinenraum, Service beim Kunden vor Ort (Fenster, Türen, Küchen)
10/1979–12/1980	Tischler bei der Mayer GmbH in Celle: externe Montage, Fertigung

kann sich schnell in neue Aufgaben einarbeiten

Lebenslauf Martin Fittkau, Seite 2

Berufliche Weiterbildung

07/1985–08/1985	Vorbereitung auf Technikerschule
09/1985–07/1987	Weiterbildung zum staatlich geprüften Holztechniker an der Staatlichen Fachschule Braunschweig, Schwerpunkt Betriebstechnik
02/1992	REFA – Grundausbildung
08/1992	REFA – Organisation
02/1993	REFA – Kostenwesen
04/2000	AutoCAD für Einsteiger
06/2000	AutoCAD für Fortgeschrittene

kostenbewusst!

← PC-Planung, top!

Zusatzqualifikationen

Sprachen	sehr gute Spanischkenntnisse
EDV	gute MS-Office-Kenntnisse
	gute AutoCAD-Kenntnisse
	Grundkenntnisse SAP, PPS, OSD

Schule, Berufsausbildung, Wehrdienst

08/1969–06/1975	Realschule Hannover IV, Abschluss Mittlere Reife
08/1975–07/1978	Ausbildung zum Tischler bei der Tischlerei Fischer GmbH, Hannover
08/1978–09/1979	Luftwaffenwerft 11 in Celle, eingesetzt als Tischler

Hobbys

Laufen (jährliche Teilnahme am Halbmarathon Berlin)
Flugzeugmodelle planen und bauen

✓ *kann präzise arbeiten*

Berlin, 15. Februar 2006

Martin Fittkau

Martin Fittkau   Tel. 030 – 123 12 34
Brunnenstraße 182   Handy 01 78 – 432 13 21
10119 Berlin

Berufliche Stärken

| **Zuverlässigkeit** ✓ |

– Als Tischler / Holztechniker bei der Möbelhaus GmbH habe ich enge Terminvorgaben durch Überstunden und Wochenendeinsätze realisiert.
– Als Tischler / Holzmechaniker für die Zeitarbeit AG habe ich für verschiedene Kunden Messe-stände als Sonderanfertigungen unter hohem Zeitdruck erstellt.

| **Organisationsstärke** ✓ |

– Als Bauleiter für die Dr. Meyer Immobilien auf Teneriffa war ich für die Einhaltung der Termin-vorgaben verantwortlich. Dies gelang mir, indem ich immer wieder Arbeitsplanungen und Termi-ne mit den beteiligten Firmen abgestimmt habe.
– Meine Organisationsstärke konnte ich auch als Tischler für die Innenausbau GmbH unter Beweis stellen. Der Innenausbau neuer Schnellimbissfilialen erforderte ein geregeltes Zusammenarbeiten mit den anderen beteiligten Betrieben.

| **Umfassende Fachkenntnisse** ✓ |

– Nach meiner Ausbildung zum Tischler habe ich mich auch zum staatlich geprüften Holztechniker fortgebildet.
– Ich habe mir durch regelmäßige Weiterbildungen kaufmännisches Wissen und spezielle EDV-Kenntnisse angeeignet.
– Durch meine unterschiedlichen beruflichen Stationen konnte ich vielfältigste Erfahrungen als Tischler, Bauleiter, Holztechniker und Holzmechaniker sammeln.

Berlin, 15. Februar 2006

Martin Fittkau

– klasse Extraseite!
– top motiviert!
– einladen!!!

Anschreiben

Martin Fittkau bewirbt sich mit seinem Anschreiben bei der Messebau GmbH als Tischler beziehungsweise Holzmechaniker. Der angeschriebene Personalverantwortliche, Herr Franke, wird dieses Anschreiben gerne durchlesen. Schon der ansprechend gestaltete Briefkopf lässt vermuten, dass der Bewerber sich viel Mühe gegeben hat. Dieser erste Eindruck wird im weiteren Verlauf bestätigt. Herr Fittkau hält sich nicht mit Floskeln und Platituden auf. Stattdessen beschreibt er seine speziellen Erfahrungen im Messebau, geht danach auf seine Ausbildung und Fortbildung ein und hebt besondere Stationen aus seinem bisherigen Werdegang hervor.

Deckblatt

Auf das Anschreiben folgt ein Deckblatt im gleichen Stil. Herr Fittkau hat sich dafür entschieden, sein gelungenes Bewerbungsfoto nicht erst auf dem Lebenslauf, sondern gleich hier auf dem Deckblatt zu präsentieren. Dieses Deckblatt überzeugt, denn es ist für die Bewerbung angepasst worden. Sowohl die angeschriebene Firma als auch die Position, die neu besetzt werden soll, werden genannt.

Lebenslauf

Aus dem Lebenslauf ist ersichtlich, dass Herr Fittkau 1958 geboren ist. Bei älteren Bewerbern ist es unverzichtbar, mit den aktuellen beruflichen Stationen zu beginnen, um die angeschriebenen Personalverantwortlichen nicht mit jahrelang zurückliegenden Informationen zu langweilen. Herr Fittkau macht es mit der rückwärts-chronologischen Darstellung also genau richtig. Im Anschluss an die Berufserfahrung werden Weiterbildungen und Zusatzqualifikationen aufgelistet. Erst dann werden Schule, Berufsausbildung und Wehrdienst in einem kurzen Block abgehandelt.

Leistungsbilanz

Seine Leistungsbilanz überschreibt Herr Fittkau mit der Überschrift *Berufliche Stärken*, darauf folgen die Zwischenüberschriften *Zuverlässigkeit, Organisationsstärke* und *Umfassende Fachkenntnisse*. Der Bewerber weiß, dass die Firma von ihm nicht nur Fachwissen, sondern auch persönliches Engagement erwartet. Die folgenden Beispiele und Belege sind klug gewählt und belegen nachvollziehbar, dass der Bewerber nicht bloß mit Schlagworten um sich wirft, sondern tatsächlich zuverlässig und organisationsstark ist.

Fazit

Gerade Bewerbern mit jahrzehntelanger Berufserfahrung passiert es oft, dass sie sich in zu vielen Details verlieren. Herr Fittkau hat diese schwierige Gratwanderung jedoch ausgezeichnet gemeistert. Er hat seine Bewerbungsunterlagen so gut strukturiert, dass die angeschriebene Firma in ihm den Wunschkandidaten erkennen wird.

Anja Ziele

Schillerstraße 90a – 35388 Gießen
Tel. 0641/5454455   Handy 0174/232 22 33

An die
Call-Center AG
Frau Ursula Rave
Westring 543/545
35391 Gießen

Gießen, 23. März 2006

Bewerbung als Call-Center-Agentin

Stellenanzeige in www.jobpilot.de vom 20. März 2006 und unser Telefonat von heute

Sehr geehrte Frau Rave,   *gut! kann telefonieren!*

vielen Dank für die zusätzlichen Informationen über die zu vergebende Stelle als „Call-Center-Agentin",
die Sie mir heute am Telefon gegeben haben. Gerne würde ich meine kaufmännischen Kenntnisse und
meine Erfahrungen in der telefonischen Kundenbetreuung bei Ihnen einbringen.

Bereits vier Jahre habe ich als Call-Center-Agentin für die Telefonservices GmbH gearbeitet. Meine Aufgaben erstreckten sich von der Interessentenbetreuung, der Wiedergewinnung von Altkunden bis hin zur
Reklamationsbearbeitung. MS-Word und MS-Excel beherrsche ich sicher. Daneben bringe ich umfassende verkäuferische Erfahrungen im direkten Kundenkontakt mit.   *sicher im Kundenkontakt*

Die von mir aktuell freiberuflich ausgeübte Tätigkeit als Dozentin für PC-Kurse unterliegt keinen Kündi-
gungsfristen, daher könnte ich, wie von Ihnen gewünscht, sofort anfangen.

passt

Über die Gelegenheit zu einem persönlichen Vorstellungsgespräch würde ich mich freuen.

Mit freundlichen Grüßens

Anja Ziele

Anja Ziele

Schillerstraße 90a – 35388 Gießen
Tel. 0641/5454455   Handy 0174/232 22 33

Bewerbungsunterlagen für Frau Ursula Rave

✓ freundlich

Bewerbung als Call-Center-Agentin
bei der Call-Center AG

Anja Ziele

Schillerstraße 90a – 35388 Gießen
Tel. 0641/5454455   Handy 0174/232 22 33

Lebenslauf

Persönliche Daten

geboren am 03. Mai 1952 in Frankfurt, verheiratet, ein Sohn (24 Jahre alt)

Beruflicher Werdegang

07/2003–heute	**freiberufliche Dozentin** für PC-Kurse (u. a. VHS Gießen, IHK Gießen, Wirtschaftsakademie Frankfurt)
01/1999–03/2003	**Call-Center-Agentin** bei der Telefonservices GmbH: Vertrieb von Telekommunikationsprodukten für Telefon und Internet, telefonische Betreuung von Interessenten, Wiedergewinnung von Altkunden, allgemeine Sachbearbeitung
04/1998–12/1998	**Verkäuferin** in einer Kaffee und mehr-Filiale, Einkaufszentrum Gießen
07/1995–03/1998	Intensivpflege meiner kranken Mutter, die 1998 verstarb
05/1991–06/1995	**Bürokauffrau** beim Steuerbüro Kopper, Gießen: Korrespondenz, Rezeption, Dateneingabe am PC
04/1990–03/1991	**Verkäuferin** im Warenhaus Kaufstadt AG, Filiale Gießen, Abteilung Haushaltswaren: Kundenberatung, Kasse, Inventur
04/1982–03/1990	Betreuung und Erziehung unseres Sohnes parallel zur Kindererziehung **diverse Aushilfsjobs** (Kellnerin bei Konfirmationen und Hochzeiten, Regalpflege und Inventuren im Supermarkt, Spätschichten an der Kasse im Supermarkt)
06/1978–03/1982	**Sekretärin** bei der Caritas Gießen, Korrespondenz, Anfertigung von Protokollen
08/1975–03/1978	**Kaufmännische Sachbearbeiterin** beim Autohaus Schmidt GmbH, Gießen, Rechnungserstellung, Angebotserstellung, Kundenempfang
08/1971–06/1973	**Bürokauffrau** bei der Kreishandwerkerschaft Gießen

keine Lücken!

sucht und findet immer Arbeit!!

Anja Ziele

Schillerstraße 90a – 35388 Gießen
Tel. 0641/5454455   Handy 0174/232 22 33

Schule und Berufsausbildung

12.07.1968	Mittlere Reife an der Realschule Gießen
08/1968–07/1971	Ausbildung zur Bürokauffrau, Kreishandwerkerschaft Gießen ✓
08/1973–07/1975	Berufsfachschule Wirtschaft

Weiterbildung

04/2002	PC-Akademie, MS-Office für Profis
06/2002	PC-Akademie, Windows für Profis
01/2003	IHK Gießen, Kurs 60 Stunden: „Fit für die Selbstständigkeit"
02/2003	IHK Gießen, Kurs 40 Stunden: „Buchführung für Selbstständige"

bleibt am Ball

Computerkenntnisse

MS-Word (ständig in Anwendung) ✓
MS-Excel (ständig in Anwendung) ✓
MS-Access (sehr gut)
MS-PowerPoint (sehr gut)
Internet: MS-Explorer und MS-Outlook (sehr gut)
Betriebssysteme: Windows XP, Windows 2000, Windows 98 (alle sehr gut)

Freizeit

Bowling-Abende mit Freunden, Theater, Kung Fu

geselliger Typ

Gießen, 23. März 2006

Anja Ziele

Möchte ich kennen lernen!

Anschreiben

Frau Anja Ziele bewirbt sich bei der Call-Center AG um die Stelle einer Call-Center-Agentin. Geschickt vermittelt sie in ihrem Anschreiben, dass sie die neue Tätigkeit nicht als Notnagel ansieht, sondern dass sie sich bewusst für eine Wiederaufnahme einer Tätigkeit im Call-Center entschieden hat. Durch den Telefonanruf, den Frau Ziele ihrer Bewerbung vorgeschaltet hat, kann sie auf die Dinge eingehen, die der Personalreferentin, Frau Rave, wichtig sind. Außerdem hat sie damit bereits ihren sicheren Umgang mit dem Telefon als Arbeitsmittel praktisch unter Beweis gestellt.

Deckblatt

Die Bewerberin arbeitet mit einem personalisierten Deckblatt. Sie adressiert ihre Bewerbungsunterlagen direkt an die Personalreferentin Frau Rave. Damit kann sie sicher sein, dass Ihre Unterlagen auch bei der richtigen Bearbeiterin ankommen. Dies ist wichtig, da sie bereits ein positiv verlaufenes Telefonat mit Frau Rave geführt hat. Ein persönlich erarbeiteter Vorteil, den sie sich auf diese Weise sichert.

Lebenslauf

Frau Ziele hat einiges an Berufserfahrung vorzuweisen. Allerdings hat sie auch in vielen verschiedenen Stellen gearbeitet. Um der Personalreferentin den Überblick zu erleichtern, hat sie sich entschieden, alle Stellenbezeichnungen hervorzuheben. So wird deutlich, dass sie vielfältige Erfahrungen im Verkauf, als Sekretärin, in der kaufmännischen Sachbearbeitung und als Call-Center-Agentin mitbringt.

Die beruflichen Auszeiten wegen der Erziehung des Sohnes und der Pflege ihrer Mutter sind aufgeführt. Frau Ziele lässt damit keine Lücken im Lebenslauf entstehen. Und sie macht deutlich, dass es sich um bewusste Entscheidungen handelte, zu denen sie auch heute noch steht.

Ihre Computerkenntnisse listet die Bewerberin detailliert auf. Dies ist wichtig, da im Call-Center genauso viel mit dem PC wie auch mit dem Telefon gearbeitet wird.

Fazit

Frau Ziele ist eine Bewerberin, die ihre 30-jährige Berufserfahrung gut darzustellen weiß. Die für die neue Tätigkeit im Call-Center wichtigen Kenntnisse und Fähigkeiten werden sichtbar. Die Personalreferentin Frau Rave wird sie gerne zu einem persönlichen Gespräch einladen.

Katja Lenz
Richard-Wagner-Ring 98
86888 Bayreuth
Tel.: (08765) 12 34 56

Druckmaschinen GmbH & Co. KG
Personalwesen
Frau Grimmer
Passauer Landstraße 112
86868 Bayreuth

Bayreuth, 20.03.2006

Bewerbung als Mitarbeiterin Vertriebsinnendienst
Bayreuther Nachrichten vom 18.03.2006 und unser Telefongespräch von heute   *Ja!*

Sehr geehrte Frau Grimmer,   ✓

vielen Dank für das informative Telefongespräch. Ich verfüge über kaufmännische Berufserfahrung, sehr gutes PC-Wissen in gängiger Büro-Software und besitze Branchenerfahrung im Maschinenbau.
Als Industriekauffrau habe ich bei der Werkzeugmaschinen AG Lieferanten ausgewählt und die fortlaufende Verfügbarkeit von Produktionsmitteln gesichert. Diese Tätigkeit habe ich mit Erfahrungen in der Kundenberatung und Angebotserstellung ergänzt. Auch während der Erziehung meiner Kinder hab ich Aushilfstätigkeiten im Einkauf, der Warenannahme und der telefonischen Kundenbetreuung wahrgenommen.
Meine berufliche Organisationserfahrung habe ich in einem Weiterbildungskurs zum Einsatz moderner Informationstechnologie auf den aktuellen Stand gebracht und mich dort auch umfassend mit Fragen der Büroorganisation auseinander gesetzt.
Ich würde mich Ihnen gerne in einem persönlichen Gespräch vorstellen.

Mit freundlichen Grüßen

Katja Lenz

Kennt die typischen Aufgaben und Arbeitsabläufe!

Katja Lenz
Richard-Wagner-Ring 98
86888 Bayreuth
Tel.: (08765) 12 34 56

okay!

gut!

Bewerbung als Mitarbeiterin Vertriebsinnendienst
bei der Druckmaschinen GmbH & Co. KG
Personalwesen: Frau Grimmer

Katja Lenz
Richard-Wagner-Ring 98
86888 Bayreuth
Tel.: (08765) 12 34 56

Lebenslauf

Persönliche Daten

geb. am 07.11.1960 in Augsburg

geschieden, drei Kinder (Andrea, 17 Jahre, Kai, 14 Jahre und Thomas, 13 Jahre)

Berufstätigkeit, Fortbildung

09/1980–06/1984	Werkzeugmaschinen AG, Bayreuth, Einkauf, Einkäuferin, Tätigkeiten: Beschaffungsmarktforschung, Auswahl von Lieferanten, Versorgungsabsicherung
06/1984–heute	Kindererziehung
07/1987	Werkzeugmaschinen AG, Bayreuth, Einkauf, Urlaubsvertretung
07/1994	Metallwerk KG, Bayreuth, Warenannahme, Urlaubsvertretung
01/1999–10/1999	Handelshaus GmbH, Bayreuth, Service, Aushilfe (630-Mark-Basis), Tätigkeiten: Kundenberatung, Telefonakquise
02/2005–02/2006	Haus der Fortbildung, Bayreuth, Kurs: Zurück in den Beruf, Inhalte: PC-Schulung, Einsatz moderner Informationstechnologie, Büroorganisation
07/2005–11/2005	Call-Center GmbH, Passau, Customer-Services, Praktikantin, Tätigkeiten: Kundenberatung, Angebotserstellung

belastbar und engagiert!

Schulabschluss, Ausbildung

30.06.1977	Mittlere Reife an der Realschule Augsburg
08/1977–07/1980	Sondermaschinen GmbH & Co. KG, Augsburg, Ausbildung zur Industriekauffrau
30.07.1980	Industriekauffrau

Sonstiges

seit 12/1994	Caritas, Seniorenbetreuung
Hobbys	Chorsingen

Zusatzqualifikationen

Sprachen:	Englisch (gut)
EDV-Kenntnisse:	Windows XP, Windows NT (gut)
	MS-Office Pro (sehr gut)
	Internet-Anwendungen (sehr gut)

brauchen wir auch

Bayreuth, 20.03.2006 Katja Lenz

Katja Lenz

Katja Lenz
Richard-Wagner-Ring 98
86888 Bayreuth
Tel.: (08765) 12 34 56

Mein Profil

Berufliche Erfahrungen:
- Marktforschung
- Lieferantenauswahl
- Einkauf
- Warenannahme
- Kundenberatung
- Telefonakquise
- Büroorganisation
- Angebotserstellung

prima! ✓

Berufspraxis:
- 4 Jahre Metall verarbeitende Industrie / Werkzeugmaschinenbau
- 1 Jahr Handel
- 3 Jahre Ausbildung zur Industriekauffrau im Sondermaschinenbau

✓ *gut*

Bayreuth, 20.03.2006

Katja Lenz

*stimmige und informative
Bewerbung!!!*

→ Einladung ←

Anschreiben

Bei Frau Katja Lenz handelt es sich um eine Wiedereinsteigerin, die nach einigen Jahren Kindererziehung nun zurück ins Berufsleben möchte. Geschickterweise thematisiert Frau Lenz ihre berufliche Auszeit nicht gleich im Anschreiben. Vielmehr weist sie auf Erfahrungen und Kenntnisse hin, die für die neue Firma interessant sind.

Dass Frau Lenz die Bewerbung mit einem Telefonat vorbereitet hat, macht sie in der Bezugszeile deutlich und verweist auch beim Einstieg noch einmal auf das informative Telefongespräch. So knüpft sie mit dem Anschreiben an den Vorabkontakt an.

Deckblatt

Das Deckblatt ist gut aufgeteilt und individuell auf die zu vergebende Position sowie die ausschreibende Firma zugeschnitten. Die Kontaktperson, mit der Frau Lenz das vorab geführte Telefonat hatte, wird ebenfalls aufgeführt. In der Mitte des Deckblattes hat die Bewerberin ihr Foto befestigt. Eine engagierte Bewerberin, die sich Mühe gibt.

Lebenslauf

Den Lebenslauf hat Frau Lenz in der zeitlichen Abfolge der Angaben konventionell gestaltet. Die Angaben in den Blöcken fangen jeweils mit der am weitesten zurückliegenden Station an. Dies ist in diesem Fall sinnvoll, da die Bewerberin die gefragte Berufspraxis vor der Erziehungszeit gesammelt hat. Sie hat den Kontakt zur Berufswelt durch Urlaubsvertretungen und Aushilfstätigkeiten gehalten. Aktuelle PC-Schulungen und eine Weiterbildung zum Einsatz moderner Informationstechnologie runden das gute Bild ab.

Leistungsbilanz

Für Frau Lenz ist eine zusätzliche Leistungsbilanz sehr sinnvoll. Hier kann sie ihre beruflichen Erfahrungen auf den Punkt bringen und auch ihre insgesamt über achtjährige Berufspraxis gut vermitteln. Die beruflichen Erfahrungen sind geschickt ausgewählt, die Auflistung der unterschiedlichen Branchen dokumentiert die Fähigkeit der Bewerberin, sich auf neue Herausforderungen einstellen zu können.

Fazit

Katja Lenz gelingt es sehr gut, ihre umfangreichen beruflichen Erfahrungen ins Spiel zu bringen. Im EDV-Bereich ist sie auf dem neuesten Stand. Sie hat sowohl drei Kinder groß gezogen als auch noch den Kontakt zur Berufswelt gehalten. Katja Lenz ist eine Powerfrau, die ihre Chance im Vorstellungsgespräch bekommen wird.

Hans Erdle, Alsterchaussee 98, 20202 Hamburg
Tel.: (040) 0 87 54 32, mobil: (01 72) 9 87 65 43,
hanserdle@aol.de

Pharma GmbH
Geschäftsleitung: Dr. Schreiber
Lise-Meitner-Str. 12–16

20002 Hamburg

Hamburg, 15.11.2006

Bewerbung als IT-Projektmanager
Jobpilot vom 9.11.2006 und unser Telefongespräch vom 13.11.2006

Sehr geehrter Herr Dr. Schreiber,

wie bereits am Telefon besprochen, verfüge ich über umfassende Erfahrungen in der Netzwerkadministration, der Erstellung von Soll-Konzepten und der Prozessoptimierung im IT-Bereich.

Zurzeit bin ich als IT-Consultant im Logistikbereich tätig. Ich leite dort Projektteams und bin direkt der Geschäftsleitung unterstellt, für die ich strategische Konzepte erarbeite. Der Aufbau neuer IT-Strukturen gehört ebenso zu meinen Aufgaben wie die Auswahl geeigneter Bausteine und die Definition der Anforderungsspezifikation. Vor meiner heutigen Tätigkeit hab ich in der gleichen Firma die Administration der Rechnerarchitektur und der PC-Netzwerke übernommen. Daneben habe ich Schwachstellenanalysen betrieben und Mitarbeiter geschult.

Nach dem Studium der Informatik habe ich meine berufliche Entwicklung in der Medizintechnik begonnen. Für die Tochtergesellschaft eines US-amerikanischen Diagnostika-Produzenten habe ich Auswertungsroutinen programmiert und in einem Projektteam den Datenaustausch über das Internet vorbereitet. Die gängigen Rechnerarchitekturen, Netzwerke und Software-Anwendungen beherrsche ich sicher.

Meine beruflichen Erfahrungen als EDV-Allrounder würde ich gerne einsetzen, um in Ihrem Unternehmen eine neue IT-Struktur aufzubauen. Für ein Vorstellungsgespräch stehe ich Ihnen gerne zur Verfügung.

Mit freundlichen Grüßen

Hans Erdle

sehr gut!
Profil ist absolut stimmig!

Hans Erdle, Alsterchaussee 98, 20202 Hamburg
Tel.: (040) 0 87 54 32, mobil: (01 72) 9 87 65 43,
hanserdle@aol.de

Lebenslauf

Persönliche Daten
geb. am 29.08.1973, verheiratet, ein Sohn (Alexander, 4 Jahre)

Berufstätigkeit

07/2003 – heute	Logistik AG, Hamburg, IT-Consultant: ✓
	– Leitung von Projektteams,
	– Analyse, Planung und Betreuung von IT-Lösungen,
	– Anforderungsspezifikation,
	– Umsetzung bisheriger Einsatzerfahrungen zur Prozess- und Verfahrensverbesserung,
	– Integration neuer Hard- und Software-Lösungen in das bestehende System
10/2001 – 06/2003	Logistik AG, Hamburg, Netzwerk-Administrator: ✓
	– Administration von Client/Server-Systemen,
	– Programmierung und Administration relationaler Datenbanksysteme,
	– Durchführung von Spezialanalysen und Berichten,
	– Mitarbeiterschulungen
10/1999 – 09/2001	Diagnosis-GmbH, Kiel, Software-Entwickler: ✓
	– Programmierung von Datenextraktions- und Laderoutinen aus Quellsystemen,
	– Design und Erstellung von Standardberichten,
	– Vorbereitung des Datenaustausches übers Internet

Studium

10/1993 – 08/1999	Studium der Informatik, Christian-Albrechts-Universität zu Kiel, Nebenfach Betriebswirtschaftslehre
30.08.1999	Diplom-Informatiker

kann kostenbewusst denken ✓

Schulabschluss/Wehrdienst
07/1992 – 10/1993   Wehrdienst, Marine, Schnellbootgeschwader IV, Glücksburg
30.06.1992   Abitur am Hans-Albers-Gymnasium, Hamburg

Weiterbildung
11/2004   Trainings GmbH, (Präsentationstechniken)   *soft-skills* ✓
01/2002 – 02/2002   E-Consulting GmbH, Java Programmierung
04/1999 – 06/1999   IT-Akademie, Einsatz von Netzwerktechnologien

Zusatzqualifikationen
Sprachen: Englisch (gut)   ✓
EDV-Kenntnisse
ERP: SAP, SSA
Betriebssysteme/Architekturen: alle gängigen (sehr gut)
Netzwerke: TCP/IP, Ethernet, IPX, Novell (alle sehr gut)
Anwendungen: MS-Produktpalette, Oracle-Datenbanken (alle ständig in Anwendung)
Programmierung: Visual Basic, C++, SQL (alle sehr gut), HTML, Java (beide gut)

Hamburg, 15.11.2006

Hans Edle

erstklassig strukturiert!
Bewerber kommt auf
den Punkt!!

(Leistungsbilanz) ✓

Tätigkeitsschwerpunkte
- IT-Consulting
- Geschäftsprozessoptimierung   } *brauchen wir* ✓
- IT-Wirtschaftlichkeitsanalysen

Aufgabenspektrum IT
- Analyse, Definition und Projektbegleitung
- Aufbau von Management-Informationssystemen
- Optimierung von Geschäftsprozessen anhand betrieblicher Kennzahlen
- Ergebnispräsentation auf Top-Management-Level
- Führung von Projektteams
- Projektkalkulation   } *top* ✓
- Wirtschaftlichkeitsvergleiche alternativer Lösungskonzepte
- ERP-Einführung (bevorzugt SAP und SSA)
- Aufbau von B2B-Systemen
- Servicemanagement
- Outsourcing

– sehr überzeugende Bewerbung!

Hamburg, 15.11.2006

Hans Edle

*Termin für ein Gespräch
vereinbaren!*

Anschreiben

Herr Erdle bewirbt sich bei der Pharma GmbH als IT-Projektmanager. Seine Bewerbung hat er mit einem Telefonat mit einem Mitglied der Geschäftsleitung vorbereitet. Daher weiß er, dass es bei den zukünftigen Aufgaben schwerpunktmäßig um die Einführung einer neuen IT-Struktur gehen wird. Geschickt bringt er gleich am Anfang des Anschreibens seine Berufserfahrung als IT-Consultant ins Spiel. Damit verdeutlicht er, dass es sich bei ihm nicht um einen technikverliebten IT-Spezialisten, sondern um einen unternehmerisch ausgerichteten EDV-Allrounder handelt. Die für die Reorganisation der IT wichtigen Kenntnisse werden vom Bewerber schlagwortartig genannt. Darüber hinaus macht er deutlich, dass er auch jetzt schon der Geschäftsleitung zuarbeitet. Mit dem Hinweis auf die Einstiegsposition in der Medizintechnik schafft Herr Erdle es, den nötigen Branchenbezug herzustellen.

Lebenslauf

Der Lebenslauf unterstützt die im Anschreiben vorgegebene Argumentationslinie gut. Die momentane Tätigkeit als IT-Consultent wird nachvollziehbar beschrieben. Aus den stichwortartigen Aufgabenbeschreibungen zu den einzelnen Stellen wird eine deutliche Weiterentwicklung des Bewerbers sichtbar. Mit den Angaben im Block *Studium* macht Herr Erdle deutlich, dass er kein IT-Quereinsteiger ist. Er hat ein Studium der Informatik absolviert, ist also methodisch und fachlich breit aufgestellt. Die Nennung des Nebenfaches Betriebswirtschaftslehre unterstützt seine kaufmännische Ausrichtung. In den Zusatzqualifikationen unterscheidet Herr Erdle zwischen ERP-Kenntnissen, Betriebssystemen/Architekturen, Netzwerken, Anwendungen und der Programmierung. So wird deutlich, dass er nicht nur Leitungs- und Projekterfahrung mitbringt, sondern auch dass notwendige Handwerkszeug für den IT-Bereich beherrscht.

Leistungsbilanz

Mit seiner Leistungsbilanz kann Herr Erdle sein Profil vertiefend darstellen. Passgenau geht er auf die speziellen Wünsche an den neuen IT-Projektmanager ein, die ihm der Geschäftsführer, Herr Dr. Schreiber, im vorab geführten Telefonat erläutert hat. Er arbeitet sehr gut die Erfahrungen heraus, die ihm auch in der neuen Stelle bei der Bewältigung der anstehenden Restrukturierung helfen werden.

Fazit

Aus den Unterlagen wird ein passgenaues Profil ersichtlich. Dieser Bewerber ist ein Wunschkandidat für die Position IT-Projektmanager. Ist sein Auftritt im Vorstellungsgespräch so überzeugend wie seine Bewerbungsunterlagen, wird er die IT-Restrukturierung bei der Pharma GmbH sicherlich verantwortlich leiten dürfen.

Klaus Sörensen, Dorfstraße 24b, 24975 Husby
Tel.: 04634 / 12 34 56, Handy: 0171 / 123 45 21, E-Mail: klaus.soerensen@aol.de

Versandhaus AG
Personalabteilung: Herr Schwartzer
Lise-Meitner-Weg 1
24912 Flensburg

Husby, 15. Mai 2006

Bewerbung als Mitarbeiter im Versand ✓
Flensburger Tageblatt vom 10. Mai 2006 ✓

Sehr geehrter Herr Schwartzer,

für die von Ihnen ausgeschriebene Stelle bringe ich folgende Erfahrungen mit:

– Kommissionierung
– Warenannahme und -einlagerung   ✓ *weiß, was wir brauchen!*
– Verpackung und Versand.

Daneben habe ich als Auslieferungsfahrer gearbeitet, die Wartung technischer und elektrischer Ein-
richtungen im Lager übernommen und mobile Notfalleinsätze als Landmaschinenmechaniker durchgeführt.

Die Zusammenstellung von Versandlieferungen nach einer Bestellliste und das gewissenhafte Verpa-
cken beherrsche ich sicher. Einen Gabelstaplerführerschein bringe ich ebenfalls mit.

Ich könnte Ihnen wie gewünscht kurzfristig zur Verfügung stehen. Über die Einladung zu einem persönlichen Gespräch würde ich mich freuen.

Mit freundlichen Grüßen

Klaus Sörensen

sehr gut!

Bewerbung als Mitarbeiter im Versand

Bewerber:
Klaus Sörensen
Dorfstraße 24b
24975 Husby

Tel.: 04634 / 12 34 56
Handy: 0171 / 123 45 21
E-Mail: klaus.soerensen@aol.de

Inhalt:
Lebenslauf
Arbeitszeugnis Landmaschinenservice Satrup KG
Arbeitszeugnis Hafenbetriebe GmbH
Zertifikat Schweißerlehrgang
Arbeitszeugnis Bauschlosserei Söhnk GmbH & Co. KG
Staplerführerschein
Arbeitszeugnis Geflügelhof Braderup
Arbeitszeugnis Regionaltransporte Clausen GmbH
Arbeitszeugnis Schlosserei Petersen & Söhne
Prüfungszeugnis Landmaschinenmechaniker

ordentlich gegliedert ✓

Klaus Sörensen, Dorfstraße 24b, 24975 Husby

Tel.: 04634 / 12 34 56, Handy: 0171 / 123 45 21, E-Mail: klaus.soerensen@aol.de

Lebenslauf

Persönliche Daten

geboren am 30.05.1961 in Hamburg, verheiratet

Führerschein Klasse B und Gabelstaplerführerschein

Beruflicher Werdegang

01/2005 bis heute	Baustoffgroßhandel GmbH, Flensburg, Lagerarbeiter: Auslieferung, Waren-annahme, Wareneinlagerung, LKW-Be- und Entladung → *passt!*
04/1998 – 12/2004	Landmaschinenservice Satrup KG, Flensburg: Erntemaschinen gewartet, Reparaturen durchgeführt, mobiler Notfallservice, Anfertigung von Sonder-teilen
12/1995 – 12/1997	Hafenbetriebe GmbH, Flensburg, Schweißer: Instandhaltung, Container schweißen
08/1995 – 10/1995	Schweißerlehrgang, Fortbildungsakademie Flensburg
01/1991 – 06/1995	Bauschlosserei Söhnk GmbH & Co. KG, Flensburg, Motoren-instandsetzung, Service, Wartung
01/1985 – 12/1990	Geflügelhof Braderup, Lagerarbeiter, Verpackung und Versand, Kontrolle der technischen Einrichtungen, Auslieferung
06/1984 – 10/1984	Regionaltransporte Clausen GmbH, Eckernförde, Auslieferungsfahrer
08/1981 – 03/1984	Schlosserei Petersen & Söhne, Schleswig, Weiterbeschäftigung im Ausbil-dungsbetrieb

kann anpacken!

Klaus Sörensen, Dorfstraße 24b, 24975 Husby

Tel.: 04634 / 12 34 56, Handy: 0171 / 123 45 21, E-Mail: klaus.soerensen@aol.de

Ausbildung und Schule

08/1978 – 07/1981	Schlosserei Petersen & Söhne, Schleswig, Ausbildung zum Landmaschinen-mechaniker
12.07.1978	Hauptschulabschluss, Volksschule Bahrenfeld

Freizeit

Freiwillige Feuerwehr Husby, Gruppenführer
Jugendwart der Fußballsparte TSV Husby
Internet surfen

Husby, 15. Mai 2006

[Unterschrift: Klaus Sörensen]

[Handschriftliche Notiz: Bewerber passt und hat sich sehr viel Mühe mit der Bewerbung gegeben, bitte einladen!]

Anschreiben

Klaus Sörensen bewirbt sich bei der Versandhaus AG als Mitarbeiter im Versand. Es wird auf den ersten Blick deutlich, dass er sich sehr viel Mühe mit seinem Anschreiben gegeben hat. So hat er eine Kopfzeile entworfen, in der seine Adresse und seine Kontaktdaten aufgeführt sind. Die Betreff- und Bezugzeile sind aussagekräftig: es ist sofort erkennbar, um welche Stelle es geht. Mit einer guten Endkontrolle hat Herr Sörensen Tippfehler vermieden. Hier präsentiert sich ein gewissenhafter neuer Mitarbeiter. Auch die Aufteilung des Blattes ist gut gelungen. Der Inhalt des Anschreibens ist recht knapp gehalten, dennoch werden die für die ausgeschriebene Stelle wichtigen Erfahrungen genannt.

Deckblatt

Das Deckblatt von Herrn Sörensen enthält nicht das Bewerbungsfoto. Es ist vielmehr als Anlagenverzeichnis konzipiert. Der Bewerber nutzt das Deckblatt, um dem Leser in der Personalabteilung einen Überblick über die mitgelieferten Unterlagen zu geben. Dabei lehnt sich die Gestaltung des Deckblattes an das Anschreiben an. Die oberste Zeile ist, wie auch die Kopfzeile des Anschreibens, fett gedruckt. Mit der Angabe *Bewerbung als Mitarbeiter im Versand* zeigt Herr Sörensen, dass er sich zielgenau bewirbt. Auch damit ragt er positiv aus der Masse der Bewerber heraus.

Lebenslauf

Die guten Gestaltungsleistungen von Anschreiben und Deckblatt führt Herr Sörensen mit seinem Lebenslauf fort. Wieder verwendet er die gut gestaltete Kopfzeile. Das gut gemachte Bewerbungsfoto unterstützt den Eindruck, dass hier ein Bewerber schreibt, der sich viel Mühe mit seinen Unterlagen gegeben hat und dies wohl auch genauso in der täglichen Arbeit im Versand machen wird. Die Zeitleiste des Lebenslaufes ist mit Monats- und Jahresangaben versehen, so bekommt man ohne Schwierigkeiten einen guten Überblick über den Werdegang des Bewerbers. Bei genauerer Prüfung werden zwar kleinere Lücken deutlich, da diese aber maximal drei Monate betragen, fallen sie nicht weiter ins Gewicht.

Die einzelnen beruflichen Stationen sind mit Tätigkeitsangaben versehen. Diese sind zwar knapp, aber man kann sich ein gutes Bild über die Kenntnisse und Erfahrungen des Bewerbers machen.

Fazit

Der Werdegang von Herrn Sörensen hat ihn durch viele verschiedenartige Stellen geführt. Dank der guten Darstellung im Anschreiben und im Lebenslauf ist dies aber kein Problem. Man kann aus den Unterlagen erkennen, dass dieser Bewerber sich in seine beruflichen Aufgaben hineinkniet. Er wird auch im Versand ein verlässlicher und gewissenhafter Mitarbeiter sein.

------------------------- Jessica Kern -------------------------
Brunnenstraße 28
34596 Bad Zwesten
Handy 0170 / 76 54 432

Bewerbung um einen
Ausbildungsplatz zur Hotelfachfrau
beim Berghotel Bad Zwesten
Frau Gütlich

----------------------- Jessica Kern -----------------------
Brunnenstraße 28
34596 Bad Zwesten
Handy 0170 / 76 54 432

hübscher Briefkopf

Berghotel Bad Zwesten
Frau Gütlich

34596 Bad Zwesten

Bad Zwesten, 12. Februar 2006

Bewerbung für einen Ausbildungsplatz zur Hotelfachfrau
Unser Telefongespräch vom 10. Februar 2006   *ja!*

Sehr geehrte Frau Gütlich,

vielen Dank für die Informationen, die Sie mir am Telefon gegeben haben. Ich möchte gerne eine Ausbildung zur Hotelfachfrau bei Ihnen machen. In einem freiwilligen Praktikum in einem Landgasthof habe ich den Zimmerdienst übernommen und im Restaurant bei der Buffet-Vorbereitung geholfen. Es macht mir Spaß, als Servicekraft zu arbeiten. Da mein Vater Amerikaner ist, spreche ich gut Englisch und könnte Ihre Gäste auch auf Englisch betreuen.

In meinem Schulpraktikum habe ich in einem Alten- und Pflegeheim Zimmer aufgeräumt und Essen serviert. Auch dort habe ich mich gerne um die Bewohner gekümmert.

Meine Schule endet im Juli 2006, ich könnte also zum 1. August 2006 anfangen. Ich würde mich freuen, wenn Sie mich zu einem persönlichen Gespräch einladen würden.

Mit freundlichen Grüßen

Jessica Kern

kennt die Tagesabläufe,

gut!

Anlagen

-------------------------- Jessica Kern -------------------------
Brunnenstraße 28
34596 Bad Zwesten
Handy 0170 / 76 54 432

Lebenslauf

Geburtsdatum: 30. Juni 1989
Geburtsort: Kassel
Eltern: Tom Clinton (Sergeant bei der US-Army)
                       Gabriele Kern (Altenpflegerin)

Schule
1995 – 1999   Grundschule Kassel   *schule okay* ✓
1999 – 2006   Tim-Kröger-Schule, Bad Zwesten
Lieblingsfächer   Mathematik (3), Deutsch (2), Englisch (2)   ✓
Juli 2006   Schulabschluss Mittlere Reife

Praktika und Aushilfstätigkeiten   *kann anpacken*   ✓
Sommerferien 2003   Aushilfe in der Kantine der US-Army, Basis Kassel ✓
seit 2004   Nachhilfe in den Fächern Deutsch und Englisch gegeben ✓
Oktober 2004   zweiwöchiges Schulpraktikum im Alten- und Pflegeheim Martinsstift, ✓
                       Bad Zwesten (Zimmer aufräumen, Betten machen, Speisen servieren)
Juli 2005   freiwilliges zweiwöchiges Praktikum im Landgasthof Schöne Aussichten, ✓
                       Bad Zwesten (Buffet-Vorbereitung, Zimmerdienst)

Sonstiges
gute WinWord-Kenntnisse, einige Excel-Kenntnisse, Internet   *PC okay* ✓

Hobbys
Reisen, Lesen, Ballett, Reiten

Bad Zwesten, 12. Februar 2006

Jessica Kern

- Jessica Kern- -
Brunnenstraße 28
34596 Bad Zwesten
Handy 0170 / 76 54 432
- - - - - - - - - - - - - - - - - -

Mein Berufswunsch: Hotelfachfrau

Bei meiner Mutter habe ich gelernt, dass es Spaß machen kann, sich um andere Menschen zu kümmern. Meine Mutter ist Altenpflegerin, und ich habe nach der Schule öfter bei ihr im Alten- und Pflegeheim Martinsstift vorbeigeschaut und etwas geholfen. Deswegen habe ich dort auch mein Schulpraktikum gemacht. Meine Aufgabe war es, die Zimmer aufzuräumen und die Betten zu machen. Ich habe auch Essen serviert und die Tische abgeräumt. ✓

Durch meinen Vater habe ich auch den Kantinenbetrieb kennen gelernt. In den Sommerferien 2002 habe ich in der Kantine der US-Army in Kassel Essen ausgegeben. ✓

Damit ich mehr über den Hotelbetrieb lerne, habe ich noch ein freiwilliges Praktikum im Landgasthof Schöne Aussichten der Familie Maiwaldt in Bad Zwesten gemacht. Es hat mir Spaß gemacht, Kontakt mit den Gästen zu haben. Neben dem Zimmerdienst und der Arbeit im Restaurant habe ich auch einen Einblick in die Buchhaltung bekommen. ✓

Ich könnte mir gut vorstellen, auch an der Rezeption zu arbeiten und vielleicht ausländische Gäste zu betreuen. Englisch spreche ich gut. Ich würde auch gerne noch weitere Sprachen lernen. ✓

*Hat sich intensiv mit ihrem
Ausbildungswunsch beschäftigt !*
▷ stimmige und informative Bewerbung !!!

Möchte ich kennen lernen !

| **Deckblatt** | Mit dem Foto gleich auf dem Deckblatt beweist Jessica Kern, dass sie auch an einer Hotelrezeption eingesetzt werden könnte. Sie präsentiert sich mit einem Blazer und dem freundlichen Lächeln einer überzeugten Servicekraft. |

| **Anschreiben** | Das Anschreiben ist übersichtlich, der Anschreibentext ist gut gegliedert. Mit dem Layout ihrer eigenen Adresse als Briefkopf zeigt Jessica Kern, dass sie gut mit der Textverarbeitung umgehen kann. Diese Fähigkeit könnte sie beispielsweise bei der optischen Gestaltung einer Speisekarte für den Ausbildungsbetrieb kreativ einsetzen. |

| **Lebenslauf** | Der Lebenslauf orientiert sich gestalterisch am Anschreiben. Jessica Kern hat den gleichen Briefkopf verwendet, weshalb die Unterlagen wie aus einem Guss wirken. Hier hat sich eine Bewerberin vor der Ausarbeitung ihrer Unterlagen Gedanken gemacht und viel Zeit und Mühe investiert. Dies wird jeder Ausbildungsbetrieb positiv beurteilen. |

| **Leistungsbilanz** | Die Einblicke, die sie in den Beruf ihrer Mutter bekommen hat, stellt sie an den Beginn ihrer Leistungsbilanz. Schon vor dem Praktikum im *Alten- und Pflegeheim* hat sie ihre Mutter des Öfteren nach der Schule bei der Arbeit besucht und kleinere Aufgaben erledigt. Auch das freiwillige Praktikum im *Landgasthof Schöne Aussichten* ist sie gezielt angegangen und hat sich schon vor Ausbildungsbeginn mit Arbeiten vertraut gemacht, die später auf sie warten. |

| **Fazit** | Eine Ausbildungsplatzbewerberin, die weiß, was auf sie zukommt. Zudem sind die einzelnen Elemente in der Bewerbungsmappe sehr gut aufeinander abgestimmt. Wenn es mehr Bewerbungen von solcher Qualität gäbe, könnten viele Enttäuschungen – sowohl aufseiten der Bewerber als auch aufseiten der Ausbildungsfirmen – vermieden werden. |

Murat Sanibas
Poststraße 38
35581 Wetzlar
Tel. 0 64 41 – 454 32 89

ABC Maschinen GmbH
Personalabteilung: Frau Engenhorst ✓
Gewerbestraße 108–112
35584 Wetzlar

Wetzlar, 3. November 2006

Ausbildungsplatz Industriemechaniker: Fachrichtung Betriebstechnik
Ihre Anzeige in den *Wetzlarer Nachrichten* vom 28. Oktober 2006 ✓

Sehr geehrte Frau Engenhorst, ✓

in den *Wetzlarer Nachrichten* habe ich in der Sonderbeilage Ihre Stellenanzeige gefunden. Ich möchte gerne eine Ausbildung zum Industriemechaniker: Fachrichtung Betriebstechnik machen. Im Sommer nächsten Jahres werde ich an der Realschule im Schulzentrum Wetzlar einen guten Realschulabschluss machen. In Mathematik habe ich im Moment die Note 2 und im Technischen Werken die Note 1.

Weil ich Interesse für technische Zusammenhänge habe, habe ich in der Kfz-Werkstatt meines Onkels mitgeholfen. Mein Schulpraktikum habe ich bei der Maschinenbau Günther & Co. KG gemacht. Dort habe ich etwas über Metallbearbeitung und Maschinenwartung gelernt.

In der Schule habe ich den Computerführerschein gemacht, um den PC gut einsetzen zu können. Ich würde gerne bei Ihnen meine Ausbildung machen. Über eine Einladung zum Vorstellungsgespräch würde ich mich freuen.

Mit freundlichen Grüßen

Murat Sanibas

könnte gut zu uns passen!

Murat Sanibas
Poststraße 38
35581 Wetzlar
Tel. 0 64 41 – 454 32 89

← *freundlicher Typ !*

zur Person
geboren am 28.02.1991 in Wetzlar
Vater: Recep Sanibas, Kfz-Mechaniker
Mutter: Tansu Sanibas, Schneiderin und Hausfrau
Geschwister: Yussuf (14 Jahre), Yasemin (21 Jahre, Bürokauffrau) } *fleißige Familie*

Schule
09/1997 bis 07/2001	Grundschule im Schulzentrum Wetzlar
08/2001 bis 07/2007	Realschule im Schulzentrum Wetzlar
Lieblingsfächer	Mathe (Note 2), Technisches Werken (Note 1), Sport (Note 2) ✓

Praktikum
06/2006   Maschinenbau Günther & Co. KG, Schulpraktikum,

gut ✓   Bearbeitung von Teileanforderungen im Lager, Werkstücke feilen,
                 Helfer bei der Maschinenwartung

Computer ✓
Computerführerschein der Schule: Word, Excel, Internet

Sonstiges   *motivierter Bewerber* ✓
Werkstatthelfer bei meinem Onkel, Inhaber der freien Werkstatt Özdemir-Auto

Hobbys
Taekwondo, Freunde treffen, Kino

Wetzlar, 03.11.2006

Murat Sanibas

Murat Sanibas
Poststraße 38
35581 Wetzlar
Tel. 0 64 41 – 454 32 89

Gibt sich mit Extraseite viel Mühe!

Mein Ausbildungswunsch:
Industriemechaniker, Fachrichtung Betriebstechnik

Mein Onkel besitzt eine Kfz-Werkstatt. Neben der Schule habe ich dort immer wieder ausgeholfen. Ich habe das Werkzeug kennen gelernt und weiß jetzt schon selber, welches Werkzeug für bestimmte Reparaturen bereitgelegt werden muss. Ölwechsel hat mich mein Onkel schon selbstständig machen lassen. Dabei achte ich immer darauf, dass ich die in der Betriebsanleitung genannten Füllmengen einhalte.

Im Praktikum bei der Maschinenbau Günther & Co. KG konnte ich noch weitere Erfahrungen sammeln. Da ich schon etwas über Teilebezeichnungen wusste und mich auch mit Schraubengrößen auskenne, konnte ich Teileanforderungen aus der Produktion im Lager zusammensuchen. Daneben habe ich gelernt, wie man Metall bearbeitet. Ich habe gefeilt und gebohrt. Auch bei der Maschinenwartung habe ich mitgeholfen. Auch dabei half mir, dass ich bei meinem Onkel schon den Umgang mit Motoren gelernt habe.

Ich finde es interessant an großen Anlagen zu arbeiten, die mehrere Maschinen miteinander verbinden. Daher möchte ich lieber Industriemechaniker werden als Kfz-Mechaniker. Betriebstechnik habe ich mir ausgesucht, weil ich schon etwas über Maschinenwartung gelernt habe.

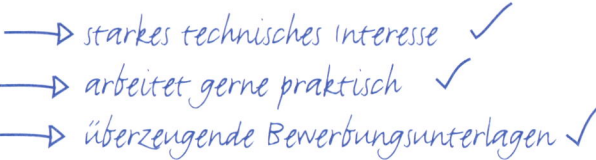

starkes technisches Interesse ✓
arbeitet gerne praktisch ✓
überzeugende Bewerbungsunterlagen ✓

Unbedingt einladen!!!

Anschreiben

Die Bewerbung ist an die richtige Abteilung der ABC Maschinenbau GmbH gerichtet. Auch eine persönliche Ansprechpartnerin – *Frau Engenhorst* – fehlt nicht. Weiter geht es mit der aussagekräftigen Betreffzeile *Ausbildungsplatz Industriemechaniker: Fachrichtung Betriebstechnik*. So erspart Murat Sanibas dem Leser das Rätselraten, worum es eigentlich geht.

Ausbildungsverantwortliche sind stets beeindruckt, wenn Bewerber etwas Besonderes geleistet haben. Bei Murat Sanibas ist dies die Mithilfe in der Kfz-Werkstatt des Onkels. So kann die Ausbildungsverantwortliche erkennen, dass der Bewerber tatsächlich technisch begabt ist. Auch der Computerführerschein, den Murat Sanibas in der Schule gemacht hat, spricht für ihn.

Foto

Der gut ausgeleuchtete Hintergrund unterstützt den offenen und sympathischen Eindruck, den der Bewerber hier vermittelt. Die Kleidung ist seriös gewählt, ein Hemd mit dezenten Streifen. Natürlich wird er später an den Maschinen in einer anderen Kleidung arbeiten. Auf dem Foto geht es aber darum, die Ernsthaftigkeit der Bewerbung zu vermitteln.

Lebenslauf

Murat Sanibas hat einen tabellarischen Lebenslauf angefertigt. Mit der guten Gestaltung beweist er ein weiteres Mal, dass er mit dem Computer souverän umgehen kann. In den Blöcken *Schule* und *Praktikum* sind die dazugehörigen Zeiträume zudem übersichtlich aufgelistet. Auch mit den weiteren Blöcken *zur Person*, *Computer*, *Sonstiges* und *Hobbys* kann er punkten.

Leistungsbilanz

Die Leistungsbilanz, die Murat Sanibas freiwillig erstellt und extra beigefügt hat, ergänzt die gute Qualität seines Anschreibens und seines Lebenslaufes. Auf der Extraseite nimmt er sich den Platz für eine ausführliche Begründung seines Ausbildungswunsches.

Fazit

Murat Sanibas sammelt mit seiner Bewerbung viele Pluspunkte. Diesen engagierten Bewerber wird die Ausbildungsverantwortliche unbedingt kennen lernen wollen.

Yvonne Breiholz, Mallausstraße 88, 68219 Mannheim
Tel.: 0621/1 23 34 56, E-Mail: yvonne.breiholz@online.de

Lebensversicherungs AG
Abteilung Personal
Herr Backhaus
Königsallee 311/313

66223 Mannheim

Mannheim, 04.08.2006

Bewerbung als Kaufmännische Angestellte
Ihre Firmenhomepage

Sehr geehrter Herr Backhaus,

für die von Ihnen ausgeschriebene Tätigkeit bringe ich umfangreiche Berufserfahrung in der Entwicklung und Umsetzung von Marketingstrategien, der Kundenbetreuung und der Erstellung von Präsentationen mit.

Zurzeit arbeite ich als Marketingreferentin. Ich bin für die Kundenstammanalyse, die Zielgruppendefinition und das Benchmarking zuständig. Als Projektleiterin entwickele ich zusammen mit anderen Unternehmensbereichen Verkaufsförderungsmaßnahmen und Marketingstrategien, die ich auch in der Umsetzung begleite.

Projekterfahrung!

Auch im Bereich Öffentlichkeitsarbeit kann ich auf vielfältige Erfahrungen zurückgreifen. Für eine Online-Bank habe ich als Bankkauffrau PR-Konzepte konzipiert und umgesetzt. Dazu gehörte der Aufbau von Kontakten zu Medienvertretern und die Pflege des Verteilers. Als Sonderprojekt war ich an der Reorganisation interner Abläufe beteiligt. Durch gezielte Maßnahmen konnten wir Öffentlichkeitsarbeit, Kundenbetreuung und den Service besser verzahnen.

Die gängige Bürosoftware beherrsche ich sicher, ich spreche sehr gut Englisch und verhandlungssicher Französisch. Für ein Vorstellungsgespräch stehe ich Ihnen gerne zur Verfügung.

Mit freundlichen Grüßen

Yvonne Breiholz

*Gutes Profil!
TOP!*

Yvonne Breiholz, Mallausstraße 88, 68219 Mannheim
Tel.: 0621/1 23 34 56, E-Mail: yvonne.breiholz@online.de

sehr gute durchgängige Gestaltung!

LEBENSLAUF

Persönliche Daten
geboren am 05.03.1975 in Frankfurt/Main
verheiratet

Berufstätigkeit

01/2001 bis heute   Marketing Solutions GmbH, Mannheim, Bereich Customer-Services, Marketingreferentin:
- Projektleitung,
- Entwicklung von Marketingstrategien,
- Kundenanalysen,
- Zielgruppendefinition,
- Benchmarking,
- Erarbeitung von Produktpräsentationen,
- Erstellung von Werbekonzepten,
- Ergebnispräsentation beim Kunden

03/1998 bis 12/2000   Online-Bank AG, Mannheim, Abteilung Marketing und Kundenservice, Kaufmännische Angestellte:
- Direktmarketing,
- Öffentlichkeitsarbeit,
- Kundenbetreuung,
- Projekt: Reorganisation interner Abläufe

07/1997 bis 02/1998   Commerzbank Frankfurt, Kreditabteilung, Bankkauffrau:
- Firmenkundenbetreuung,
- Kreditsachbearbeitung

Yvonne Breiholz, Mallausstraße 88, 68219 Mannheim
Tel.: 0621/1 23 34 56, E-Mail: yvonne.breiholz@online.de

Ausbildung
15.07.1997   (Bankkauffrau)
08/1994 bis 07/1997   Sparkasse Frankfurt, Ausbildung zur Bankkauffrau

Schule und Au-pair
07/1993 bis 06/1994   Au-pair in Paris, Frankreich   ✓
15.06.1993   Fachhochschulreife an den beruflichen Schulen Frankfurt, Fachrichtung Wirtschaft

Weiterbildung
05/2005   Marketingakademie Frankfurt, Channel Marketing   } *lern-*
10/2002   Marketingakademie Frankfurt, Optimierung von Vertriebskanälen   *bereit*
02/2001   KARRIEREAKADEMIE, Kiel, Souverän präsentieren

Zusatzqualifikationen
Sprachen   Englisch (sehr gut)
           Französisch (verhandlungssicher)   } *fit in*
EDV   MS-Office (ständig in Anwendung)   *Fremdsprachen*
           SPSS (sehr gut)   *und am PC* ✓
           MS-Project (gut)

Mannheim, 04.08.2006

Yvonne Breiholz

Yvonne Breiholz, Mallausstraße 88, 68219 Mannheim
Tel.: 0621/1 23 34 56, E-Mail: yvonne.breiholz@online.de

LEISTUNGSBILANZ

Arbeitsbereiche

- Kundenbetreuung
- Sachbearbeitung
- Öffentlichkeitsarbeit
- Direktmarketing
- Channel Marketing
- Produktpräsentationen beim Kunden
- Projektpräsentationen
- Kundenanalysen
- Zielgruppendefinitionen
- Benchmarketing
- Marktforschung

breit einsetzbar!

Ergebnisse

- Steigerung des Kundenstamms um 10 Prozent bei der Online-Bank AG, Mannheim
- Steigerung des Kundenstamms um 15 Prozent bei der Marketing Solutions GmbH, Mannheim
- Reduzierung der Verwaltungskosten um 15 Prozent durch Reorganisation interner Abläufe bei der Online-Bank AG, Mannheim
- Steigerung der Reichweite von Werbemaßnahmen durch neue Marketingstrategien für die Kunden der Marketing Solutions GmbH, Mannheim

absolut ergebnisorientiertes Arbeiten

Mannheim, 04.08.2006

Yvonne Breiholz

Klasse!

Anschreiben

Yvonne Breiholz bewirbt sich bei der Lebensversicherungs AG als Kaufmännische Angestellte. Da sie momentan als Marketingreferentin bei einem Anbieter von Marketinglösungen arbeitet, darf sie ihre Marketingorientierung nicht zu stark hervorheben. Dies gelingt ihr gut, ohne die momentane Stelle unter den Tisch fallen zu lassen. Sie koppelt geschickt ihre aktuellen Aufgaben mit den Tätigkeiten aus vorhergehenden Stellen. Ihre Erfahrungen in der Kundenbetreuung bringt sie ebenso ins Spiel wie die Verwaltungserfahrung. Der Hinweis auf die Beteiligung an einer Reorganisation interner Abläufe verdeutlicht ihr organisatorisches Geschick.

Foto

Ein gelungenes Bewerbungsfoto! Frau Breiholz sieht mit wachem Blick in die Kamera. Die gute Ausleuchtung macht das Bild lebendig. Hier stellt sich eine sympathische neue Mitarbeiterin vor.

Lebenslauf

Frau Breiholz hat ihre Berufserfahrung in unterschiedlichen Bereichen gesammelt. Im Kundenservice, im Schalterbereich einer Bank, im Marketing und im Customer-Service. Jeden einzelnen Arbeitsbereich stellt sie gut mit passenden Schlagworten dar. So werden die Angaben aus dem Anschreiben unterstützt. Nicht nur das Tagesgeschäft in den einzelnen Stellen wird dargelegt, sondern auch Sonderaufgaben, wie das Projekt Reorganisation, werden aufgeführt. Im Block *Weiterbildung* führt die Bewerberin auch für den neuen Arbeitgeber interessante Seminare auf. Es wird deutlich, dass sie gezielt an ihrer beruflichen Weiterentwicklung gearbeitet hat.

Leistungsbilanz

Mit der Überschrift *Leistungsbilanz* signalisiert Frau Breiholz, dass sie sich als echten Leistungsträger sieht. Ihre bisherigen Aufgaben gehen weit über die reine Sachbearbeitung hinaus. Ihre Ergebnisorientierung macht sie im Block *Ergebnisse* mit Prozentzahlen deutlich. So wird klar, dass diese Bewerberin bereit ist, sich an den Ergebnissen ihrer Arbeit messen zu lassen.

Fazit

Die Herausforderung, trotz unterschiedlicher beruflicher Positionen einen roten Faden herzustellen, hat Frau Breiholz gut gemeistert. Ihre umfassenden Erfahrungen, ihre ausgeprägte Ergebnisorientierung und die Weiterbildungsbereitschaft machen sie zur gesuchten Kandidatin.

Michael Osterwald, Blücherplatz 12, 40477 Düsseldorf
Tel.: (0211) 65 43 21

HOUSE SALES GmbH
Herr Steinbrück
Industriestraße 2
45127 Essen

Düsseldorf, 10.02.2006

Bewerbung als Assistent der Geschäftsleitung
WAZ vom 04.02.2006 und unser Telefongespräch vom 07.02.2006

Sehr geehrter Herr Steinbrück,

vielen Dank für Ihr Interesse an meiner Bewerbung. Seit siebeneinhalb Jahren arbeite ich als Assistent des Vertriebsleiters in der Immobilienbranche. Ich setze Marketingaktivitäten um, betreue den Außendienst und unterstütze den Vertriebsleiter in allen organisatorischen Belangen.

Meine jetzige Position bei der PMA Immobilienberatung GmbH in Düsseldorf umfasst neben den oben erwähnten Aufgaben auch Wirtschaftlichkeitsberechnungen und Standortanalysen von Wohnobjekten und die Ausarbeitung von Verkaufsleitfäden sowie die Durchführung von Schulungsmaßnahmen für den Außendienst. *gut!*

Vor meiner heutigen Tätigkeit war ich bei der ARGO Leasing GmbH, Bochum, beschäftigt. Als Sachbearbeiter im Immobilienleasing habe ich neben der Angebotserstellung für Kunden Telefon- und Mailingaktionen initiiert und betreut.

Meine Aufgaben in der Betreuung des Außendienstes brachten auch Reisetätigkeit mit sich. Die direkte Rückmeldung des Kunden vor Ort war für mich immer ein wichtiger Bestandteil der Erfolgskontrolle von Marketingaktivitäten und der Vertriebsleitfäden.

Meine Vertriebs- und Marketingerfahrungen in der Immobilienbranche möchte ich für Sie einsetzen.

Für ein Vorstellungsgespräch stehe ich Ihnen gerne zur Verfügung.

Mit freundlichen Grüßen

Vertriebsmensch mit Kundenorientierung im Blut!

Michael Osterwald
Blücherplatz 12
40477 Düsseldorf

Tel.: (0211) 65 43 21

*könnte in die
Firma passen*

Lebenslauf

Persönliche Daten
geb. am 07.11.1974 in Bochum
verheiratet

Berufstätigkeit

07/1999 – heute	PMA Immobilienberatung GmbH, Düsseldorf, Assistent des Vertriebsleiters:

- Vertrieb von Wohnimmobilien,
- Konzeption, Planung und Kontrolle der Marketingaktivitäten,
- Wirtschaftlichkeitsberechnungen,
- Standortanalysen,
- Projektaufbereitungen,
- Finanzierungsberatungen,
- Ausarbeitung von Verkaufsleitfäden,
- Planung und Durchführung von Schulungsmaßnahmen für den Außendienst

*Branchenerfahrung!
kennt den Arbeitsbereich!*

06/1997 – 06/1999	ARGO Leasing GmbH, Bochum, Sachbearbeiter Leasing:

- Angebotserstellung für Unternehmen,
- Telefonverkaufsaktionen,
- Betreuung und Überwachung von Mailingaktionen,
- Vorarbeiten für Wirtschaftspläne, Berichte und Statistiken

*aufstiegsorientiert
und belastbar!*

Ausbildung

| 13.06.1997 | Kaufmann in der Grundstücks- und Wohnungswirtschaft |
| 10/1993 – 06/1997 | ARGO Leasing GmbH, Bochum, Ausbildung zum Kaufmann in der Grundstücks- und Wohnungswirtschaft |

Schule und Zivildienst

| 08/1992–10/1993 | Zivildienst, Deutsches Rotes Kreuz, Bochum, Ambulante Altenhilfe |
| 12.07.1992 | Fachhochschulreife an der Fachoberschule Bochum, Fachrichtung Wirtschaft |

Weiterbildung

| 05/2001 | Marketing-Consult GmbH, Dortmund, Neue Kunden mit Direkt-Marketing |

interessant

Zusatzqualifikationen

| Sprachen: | Englisch (gut) |
| EDV-Kenntnisse: | MS-Office (ständig in Anwendung) |

Düsseldorf, 10.02.2006

Bewerber, der weiß was für uns wichtig ist! sehr interessant für uns!!!

Anlagenverzeichnis

Zwischenzeugnis PMA Immobilienberatung GmbH

Zertifikat Inlingua: Business English

Zertifikat Marketing-Consult GmbH: Direktmarketing

Arbeitszeugnis ARGO Leasing GmbH

Ausbildungszeugnis ARGO Leasing GmbH

Zeugnis der Fachhochschulreife ✓ *sorgt für Überblick!*

aussagekräftige Unterlagen!

eine Runde weiter!!

Anschreiben

Bereits mit seinem Anschreiben liefert Herr Michael Osterwald viele wichtige Einstellungsargumente. Er zeigt von Anfang an, dass er über die gewünschten Erfahrungen verfügt. Damit liefert er eine gelungene erste Arbeitsprobe. Auch als Assistent der Geschäftsleitung wird er schließlich immer wieder Entscheidungsvorlagen für seinen Chef Herrn Steinbrück anfertigen müssen.

Das Anschreiben ist im Gutachtenstil angefertigt. Mit geeigneten Schlagworten macht der Bewerber sein Qualifikationsprofil sichtbar. So werden beispielsweise Erfahrungen in der Standortanalyse und in Wirtschaftlichkeitsberechnungen genannt.

Foto

Herr Osterwald hat beim Fotografen darauf geachtet, seine – von sich aus gesehen – linke Schulter leicht nach vorne zu ziehen, die rechte Schulter etwas nach hinten zu nehmen und den Kopf in Richtung Kamera zu drehen. Diese Pose hat zwei Vorteile: Zum einen wirkt der Bewerber dadurch auf dem Foto dynamisch und tatkräftig, zum anderen wendet er sich den Daten auf seinem Lebenslauf förmlich zu. Das Foto, die Zeitangaben und Informationen bilden auf diese Weise optisch einen Block. Damit signalisiert der Bewerber, dass er selbstbewusst zu seinem Werdegang steht.

Lebenslauf

Der Lebenslauf von Herrn Osterwald füllt die einzelnen beruflichen Stationen mit Leben. Er gibt nicht nur seine Einsatzbereiche an, sondern auch die Tätigkeiten, die er wahrgenommen hat. Gut gelungen ist auch, dass er seine aktuelle Position ausführlicher als die Einstiegsposition darstellt. Hier präsentiert sich ein Bewerber, der täglich mit den Aufgaben zu tun hat, die ihn auch in der neuen Stelle erwarten.

Anlagen-verzeichnis

Ein Anlagenverzeichnis in den Bewerbungsunterlagen ist an sich kein Muss, bietet sich aber bei dieser Bewerbung an. Der Geschäftsführer der angeschriebenen Firma, der auch die Einstellungsentscheidung treffen wird, erfährt so ein weiteres Mal, dass der Bewerber sehr strukturiert vorgeht.

Fazit

Eine gelungene erste Arbeitsprobe. Schon mit seiner Bewerbung macht Herr Osterwald deutlich, dass er die zukünftigen Aufgaben als Assistent der Geschäftsleitung in den Griff bekommen wird.

Alexandra Fröhlich, Behmweg 4, 37073 Göttingen
Tel.: (0551) 22 33 44

METAL GmbH & Co. KG
Personalabteilung
Frau Flinsch
Göttinger Chaussee 42
30453 Hannover

Göttingen, 10.10.2006

Bewerbung als Technikerin
HAZ vom 07.10.2006 und unser Telefongespräch *gut!*

Sehr geehrte Frau Flinsch,

vielen Dank für das nette Telefongespräch, hier sind die Informationen zu meiner Person.

Als Technikerin im Außendienst verfüge ich über gute Kenntnisse in der technischen Beratung, der Erstellung von Bedarfsanalysen und der Kundenbetreuung. Die Akquisition von Neukunden gehört ebenfalls zu meinen Aufgaben.

Für die Engineering GmbH in Göttingen übernehme ich neben den oben erwähnten Aufgaben auch die Angebotserstellung und -verfolgung. Daneben habe ich in der Zertifizierung des Betriebes mitgearbeitet und setze in Projektteams Rückmeldungen aus dem Vertrieb zusammen mit Kollegen aus der Entwicklung und Konstruktion um.

Vor meiner erfolgreich abgeschlossenen Weiterbildung zur Technikerin habe ich als Industriemechanikerin bei der ISA Metallbau GmbH in Bremen gearbeitet. Dort habe ich die Produktion überwacht, Fertigungsanlagen gewartet und Bauteile und Baugruppen montiert und geprüft.

Meine Ausbildung zur Industriemechanikerin, Fachrichtung Produktionstechnik habe ich ebenfalls bei der ISA Metallbau GmbH durchlaufen.

Ich spreche Englisch und habe meine Kenntnisse im technischen Englisch ständig erweitert. CNC- und SPS-Programmierung sind mir ebenso vertraut wie PC-Anwendungen.

Für ein Vorstellungsgespräch stehe ich Ihnen gerne zur Verfügung.

Mit freundlichen Grüßen

Alexandra Fröhlich

– eindeutig technische Ausrichtung
– teamfähig
– leistungsstark

Alexandra Fröhlich
Behmweg 4
37073 Göttingen

Tel.: (0551) 22 33 44

LEBENSLAUF

Persönliche Daten
geb. am 07.12.1973
ledig

Berufstätigkeit

passt!

11/2001 – heute   Engineering GmbH, Göttingen, **Technikerin im Außendienst**: technische Beratung und Kundenbetreuung, Neukundenakquisition, Erstellung von Bedarfsanalysen, abteilungsübergreifende Erarbeitung von Produktionsmodifikationen, Ausarbeitung von Präsentationen, Angebotserstellung und -verfolgung, Mitarbeit in Projekt „Zertifizierung DIN EN 9000 ff.“

07/1996 – 10/1999   ISA Metallbau GmbH, Bremen, **Facharbeiterin**: Überwachung und Wartung der Produktions- und Fertigungsanlagen, Prüfung und Montage von Pneumatikschaltungen, -bauteilen und -baugruppen, Dokumentation der Ergebnisse, Fehler und Störungsbehebung, Kontrolle der Fertigungsqualität

Schule und Ausbildung

12.07.1996   **Industriemechanikerin**, Fachrichtung Produktionstechnik
08/1993 – 07/1996   ISA Metallbau GmbH, Bremen, Ausbildung zur Industriemechanikerin
14.06.1993   Fachhochschulreife, Fachoberschule Bremen, Fachrichtung Technik

keine Lücken im Lebenslauf!

Weiterbildung

12.09.2001   **Staatlich geprüfte Feinwerktechnikerin**
10/1999 – 09/2001   Fachschule für Technik

Zusatzqualifikationen

Sprachen: Technisches Englisch (gut)
Programmierung: CNC, SPS: Siemens Step 5
PC-Anwendungen: Word und Excel (beide sehr gut), Datenbank Access (gute Kenntnisse)

okay

Göttingen, 10.10.2006

Alexandra Fröhlich

BERUFLICHES PROFIL

Berufliche Aufgaben
– Bedarfsanalyse beim Kunden
– Ausarbeitung von Präsentationen für Kunden
– Dokumentation
– Überwachung und Wartung von Produktions- und Fertigungsanlagen
– Fehlersuche und Störungsbehebung
– Technische Kundenberatung

vielseitig!

Besondere Erfolge
– Zertifizierung der Produktion
– Ausweitung des Kundenstammes
– Einführung von Verkaufsförderungsmaßnahmen im Service
– Leitung des abteilungsübergreifenden Projektteams „Produktmodifikation"

klasse!

Göttingen, 10.10.2006

Alexandra Fröhlich

*vielversprechendes Profil!
Termin für Gespräch
vereinbaren!*

Anschreiben

Mit ihren Bewerbungsunterlagen muss Frau Alexandra Fröhlich gleich mehrere Vorurteile ausräumen. Zum einen muss sie sich in einer Männerdomäne behaupten und zum anderen dem Vorurteil begegnen, dass sie als Technikerin nicht kaufmännisch denken kann. Schon im Anschreiben gelingt es ihr sehr gut, diese Vorurteile gar nicht erst aufkommen zu lassen. Im Gegenteil, ihre Kundenorientierung, die gelebte Teamfähigkeit und die konkret genannten beruflichen Erfolge machen sie von Anfang an zur Wunschbewerberin. Insgesamt ist das Anschreiben eine gelungene Übersicht über ihre fachlichen und persönlichen Stärken.

Lebenslauf

Auch der Lebenslauf von Frau Fröhlich wird Leser in der Personalabteilung fröhlich stimmen. Hier werden konkrete Angaben geliefert. Die Struktur ist übersichtlich, man kann sich ohne weiteres orientieren. Weder wird der Versuch unternommen, eventuelle Fehlzeiten zu verstecken, noch verliert sie sich in unnötigen Details. Mit der Angabe von Tagesdaten für Abschlussprüfungen macht die Bewerberin deutlich, dass sie sowohl die Ausbildung als auch die Weiterbildung zur Feinwerktechnikerin erfolgreich abgeschlossen hat. Der Lebenslauf ist aussagekräftig und in sich stimmig.

Leistungsbilanz

Um dem neuen Arbeitgeber zu zeigen, dass sie bereit ist, mehr als der Durchschnitt zu leisten, hat sich die Bewerberin entschieden, zusätzlich eine Motivationsseite anzufertigen. Diese hat sie mit der Überschrift „Berufliches Profil" versehen. Untergliedert hat sie ihre Seite in die Blöcke *Berufliche Aufgaben* und *Besondere Erfolge*. Eine taktisch geschickte Gliederung, die Personalverantwortlichen vermittelt, dass Frau Fröhlich umfassende Aufgaben anpacken kann und dabei auch Erfolg hat!

Fazit

Bewerbungen von Kandidaten aus technischen Berufen werden in den Personalabteilungen der Firmen besonders gründlich geprüft. Frau Fröhlich hat mit ihrer Bewerbung gezeigt, dass sie nicht nur ihre fachlichen Aufgaben in den Griff bekommen wird, sondern auch schnell Zugang zu Kunden und zu Teamkollegen finden wird.

Martin Bolke

Biberger Straße 43 • 82008 Unterhaching • Tel. (0 89) 1 22 78 84 • Mobil (01 78) 7 65 43 21

Personaldienstleistung GmbH
Frau Gabriele Olthoff
Arabellastraße 104

81925 München

Unterhaching, 07.09.2006

Bewerbung als Disponent
Kennziffer RAKE-01012-GER
Unser Telefongespräch von heute   ▷ *überzeugender Bewerber*

Sehr geehrte Frau Olthoff,

vielen Dank für die Zusatzinformationen, die Sie mir zu den geforderten EDV-Kenntnissen in der
Ausschreibung für einen Disponenten gegeben haben.

Hier weitere Informationen über meinen Werdegang: Seit drei Jahren arbeite ich als Logistik-
Sachbearbeiter bei der Müller Logistics GmbH & Co. KG und bin mit der Disposition der Lager   *Profil*
in externen Produktionsstätten, der Organisation von Transporten und der Bearbeitung von   *erkenn-*
Kundenbestellungen betraut.   *bar*

In meiner vorhergehenden Stelle, bei der Transporte Europa AG, habe ich als Disponent Transport-
abläufe koordiniert und die Zentraldisposition organisiert. In beiden Stellen habe ich auch den
Schriftverkehr eigenständig durchgeführt.

Begonnen habe ich meinen beruflichen Werdegang mit einer Ausbildung zum Speditionskaufmann
bei der Internationale Transporte GmbH in Augsburg.

Über die von Ihnen gewünschten guten EDV-Kenntnisse in Word, Excel, Access und insbesondere
SAP R/3 verfüge ich. Auch in meiner momentanen Stelle fakturiere ich täglich in SAP. Darüber hinaus habe ich die Qualifikation eines Gefahrgutbeauftragten erworben und auch die Ausbilder-
sehr eignungsprüfung erfolgreich absolviert.
gut!

Mein frühester Eintrittstermin ist der 02.10.2006. Meine Gehaltsvorstellung beträgt 32.000,– Euro
Bruttojahresgehalt, wobei Nachtschichtzuschläge noch hinzukämen.

Ich würde mich freuen, mich Ihnen in einem persönlichen Gespräch näher vorstellen zu können.

Mit freundlichen Grüßen

[Unterschrift]

Anlagen

Martin Bolke

Biberger Straße 43 • 82008 Unterhaching • Tel. (0 89) 1 22 78 84 • Mobil (01 78) 7 65 43 21

LEBENSLAUF

<u>Persönliche Daten</u>	geboren am 09.05.1973 in Augsburg, geschieden
<u>Berufstätigkeit</u>	
07/2002 bis heute	Müller Logistics GmbH & Co. KG, Regensburg **Logistik-Sachbearbeiter** Aufgaben: Koordination und Kontrolle der Liefertermine, Organisation der Transporte, Terminvergabe, Disposition der Lager in externen Produktionsstätten, Fakturierung von Serviceleistungen in SAP
01/1999 bis 06/2002	Transporte Europa AG, München **Disponent** Aufgaben: Koordination der Transportabläufe, tägliche Disposition der Unternehmerfahrzeuge, Zentraldisposition im Fernverkehr, Ausbildung
07/1998 bis 12/1998	Spedition GmbH, München **Kaufmännischer Mitarbeiter** Aufgaben: Warenabfertigung, Erstellung der Transportpapiere, Schalterdienst, allgemeine Sachbearbeitung
01/1996 bis 04/1998	Privat-Versicherung Schultze & Müller GbR, Würzburg **selbstständiger Handelsvertreter im Vertriebsaußendienst** Aufgaben: Kundenberatung, Verkaufsgespräche, Einarbeitung neuer Mitarbeiter

stimmig ✓

kennt sich aus ✓

roter Faden im Werdegang

macht nichts!

07/1994 bis 10/1995	Internationale Transporte GmbH, Augsburg **Mitarbeiter in der Transportabwicklung** Aufgaben: Abwicklung von Im- und Exporten

Wehrdienst

07/1993 bis 06/1994	Grundwehrdienst in Heide

Ausbildung

08/1990 bis 06/1993	Internationale Transporte GmbH, Augsburg **Ausbildung zum Speditionskaufmann**
30.06.1993	Speditionskaufmann

Schule

07/1989 bis 07/1990	Berufsvorbereitungsjahr an der Berufsfachschule Augsburg
20.06.1989	Hauptschulabschluss

PC-Kenntnisse

SAP R/3 (sehr gut)
Excel (sehr gut), Word (gut), Internet-Explorer (sehr gut)

Sprachen

Englisch (sehr gut in Wort und Schrift)

Weiterbildung

04/2002	IHK München, Gefahrgutbeauftragter ✓✓ *sehr gut*
03/1999	IHK München, Ausbildereignungsprüfung ✓

Unterhaching, 07.09.2006

engagierter Bewerber, lernbereit und organisationsstark!

unbedingt einladen!

Lebenslauf Martin Bolke, Seite 2

Martin Bolke

Biberger Straße 43 • 82008 Unterhaching • Tel. (0 89) 1 22 78 84 • Mobil (01 78) 7 65 43 21

MEIN BERUFLICHES PROFIL

Acht Jahre Berufserfahrung im Bereich Logistik / Transporte / Spedition

Aufgabenschwerpunkte √

kennt seine
beruflichen Stärken

Disposition
Zentraldisposition im Fernverkehr
Abwicklung von Im- und Exporten
Ausfertigung von Zoll- und Transportpapieren
Warenabfertigung
Lagerdisposition
Unterweisung von Mitarbeitern im Bereich Gefahrgüter
Kundenbetreuung

Sonderaufgaben √

engagiert

Betreuung von Auszubildenden
Umsetzung von Kundenbindungsmaßnahmen
Aufbau von Just-in-time Lieferketten

informationsstarke
Extraseite!

Unterhaching, 07.09.2006

Anschreiben

Im gesamten Anschreibentext argumentiert Herr Bolke von der neuen Stelle her. So erfährt man, dass er auch schon momentan mit der *Disposition der Lager in externen Produktionsstätten, der Organisation von Transporten und der Bearbeitung von Kundenbestellungen betraut* ist. Herr Bolke gibt sich mit dieser geschickten Wortwahl den richtigen Stallgeruch. Man nimmt ihm sofort ab, dass es mit dem Tagesgeschäft eines Disponenten vertraut ist.

Auch seine persönlichen Fähigkeiten bringt Herr Bolke geschickt im Text unter: Um beispielsweise das geforderte Soft Skill *Belastungsfähigkeit* zu belegen, verweist er auf seine Lernbereitschaft. Er hat schließlich die *Qualifikation eines Gefahrgutbeauftragten* erworben und die *Ausbildereignungsprüfung* bestanden. Bewerber, die neben einem anstrengenden Tagesgeschäft noch Kraft und Zeit für passende Weiterbildungen finden, sind zweifelsohne belastbar und engagiert – und deshalb in jedem Unternehmen gern gesehen.

Lebenslauf

Herr Bolke gibt sich Mühe und führt wichtige Informationen auf, die ihm den entscheidenden Vorteil gegenüber anderen Bewerbern bringen könnten. So erfährt man beispielsweise, dass er *Serviceleistungen in SAP* fakturiert und für die *Disposition der Lager in externen Produktionsstätten* zuständig ist. Schritt für Schritt entfaltet Herr Bolke mit dieser Vorgehensweise ein schlüssiges und glaubwürdiges berufliches Profil.

Den Vorsprung, den sich Herr Bolke mit seinem Anruf bei der Personaldienstleistung GmbH erarbeitet hat – nämlich präzise Informationen zu den gewünschten EDV-Kenntnissen zu bekommen –, nutzt er auch für seinen Lebenslauf.

Leistungsbilanz

Seiner Leistungsbilanz hat Herr Bolke die Überschrift *Mein berufliches Profil* gegeben. Er betont gleich im Anschluss daran, dass er über *Acht Jahre Berufserfahrung im Bereich Logistik/Transporte/Spedition* verfügt. Geschickt listet er anschließend seine bisherigen Aufgabenschwerpunkte als Zusammenfassung auf und benennt darüber hinaus auch noch Sonderaufgaben.

Fazit

Eine gelungene Selbstdarstellung in Schriftform. Herr Bolke hat passgenaue und glaubwürdige Unterlagen erarbeitet und seine Stärken bestens vermittelt. Eine Einladung zum Vorstellungsgespräch wird ihm in den nächsten Tagen zugehen.

Bewerbung als Zahnarzthelferin

passgenau

für das Allgemeine Krankenhaus Köln-Zentrum
der Klinikgruppe NRW

Ulrike Hopp

Stadtring 387
51143 Köln
Telefon: (0221) 12 21 25
E-Mail: ulrike.hopp@t-online.de

hübsches Layout !

Ulrike Hopp
Stadtring 387
51143 Köln
Telefon: (02 21) 12 21 25
E-Mail: ulrike.hopp@t-online.de

Klinikgruppe NRW
c/o Allgemeines Krankenhaus Köln-Zentrum
Klinikmanagement
Frau Dr. Günner
Salierring 110

50676 Köln

Köln, 16.08.2006

Bewerbung als Zahnarzthelferin

Ihre Anzeige in den Kölner Nachrichten vom 12.08.2006 und unser Telefongespräch von heute

ja!

Sehr geehrte Frau Dr. Günner,

vielen Dank für das freundliche Telefongespräch. Hier sind die versprochenen Informationen zu meiner Berufserfahrung.

Zurzeit arbeite ich als Zahnarzthelferin in der Gemeinschaftspraxis Dr. Müller und Dr. Schmidt. Die Stuhlassistenz gehört mit zu meinen Aufgaben. Während meiner Ausbildung habe ich mich auch besonders mit neuen Materialien in der Zahntechnik vertraut gemacht. Ich übernehme auch eigenverantwortliche Aufgaben in der Prophylaxe und berate Patienten in der Zahnpflege und Mundhygiene.

Zusammen mit einer Kollegin übernehme ich die Abrechnung nach BEMA und GOZ, die in unserer Praxis per EDV gemacht wird. Mit dem PC kann ich gut umgehen. Bei der Textverarbeitung kommen mir meine Kenntnisse im Maschinenschreiben zugute.

Die Betreuung der Rezeption wird von mir und einer anderen Zahnarzthelferin für das gesamte Team organisiert.

Über die Einladung zu einem Vorstellungsgespräch würde ich mich freuen.

Mit freundlichen Grüßen

Ulrike Hopp

*hat verstanden, was wir suchen,
klasse!*

Anlagen

Ulrike Hopp
Stadtring 387
51143 Köln
Telefon: (0221) 12 21 25
E-Mail: ulrike.hopp@t-online.de

Lebenslauf

Persönliche Daten

Geburtsdatum: 18.05.1984
Geburtsort: Bonn
Familienstand: ledig

Schule

12.07.2001	Mittlere Reife an der Realschule Köln

Ausbildung und Beruf

08/2001 bis 09/2004	Ausbildung zur Zahnarzthelferin in der Praxisgemeinschaft Dr. Müller und Dr. Schmidt, Köln
07.09.2004	Zahnarzthelferin
seit 09/2004	Zahnarzthelferin in der Praxisgemeinschaft Dr. Müller und Dr. Schmidt, Köln, Aufgaben:

- Stuhlassistenz
- Abrechnung nach BEMA und GOZ
- Durchführung von Prophylaxemaßnahmen
- Beratung von Patienten
- Weiterleitung von Laborergebnissen
- Sichtprüfung von Prothesen
- Organisation der Rezeption
- allgemeiner Schriftverkehr
- Rezeptionstätigkeit

Top !

Ulrike Hopp, Lebenslauf, Seite 2

Weiterbildung

01/2005	„Neue Werkstoffe in der Zahntechnik", durchgeführt vom Zahnlabor Dentist
10/2004	„Patienten gut beraten", durchgeführt von Zahnärztin Dr. Beate Beyer
Frühjahr 2002	„Spanisch Mittelstufe", VHS Köln
Herbst 2001	„Spanisch für Anfänger", VHS Köln

lernbereit und interessiert !

EDV

Windows 2004, Windows XP (gut)
Textverarbeitung Word (sehr gut)
Praxenverwaltungssoftware Turbomed (sehr gut)
Abrechnungssoftware Visident (gut)

Klasse !

Sprachen

Englisch (Schulkenntnisse)
Spanisch (gut)

Sonstiges

Maschineschreiben (sehr gut) → *brauchen wir auch !*
Führerschein Klasse B

Hobbys

Jazzdance und Aerobic
Lesen
Reiten

stimmig

tolle Bewerbungsmappe !
Termin für Gespräch
vereinbaren !

Köln, 16.08.2006

Ulrike Hopp

Deckblatt

Frau Hopp hat eine gute Seitenaufteilung gewählt. Das Deckblatt ist klar aufgebaut. Mit ihrem Foto im Querformat präsentiert sich Frau Hopp in ansprechender Form. Man sieht eine sympathische junge Frau, der man den souveränen Umgang mit Patienten und Kollegen zutraut.

Anschreiben

Mit ihrem Anschreiben setzt Frau Hopp die gute Gestaltung ihrer Bewerbungsunterlagen fort. Ihre eigene Adresse ist vollständig, und sie hat neben ihrer Telefonnummer auch eine E-Mail-Adresse angegeben.

Aus der Bezugzeile wird deutlich, dass sich Frau Hopp vor dem Versand ihrer Bewerbungsmappe telefonisch mit Frau Dr. Günner in Verbindung gesetzt hat. Damit hat sie Pluspunkte gesammelt, denn ihr verbindliches Auftreten in Telefongesprächen ist damit schon unter Beweis gestellt. Da die Bewerberin ihre Unterlagen gleich nach dem Anruf versandt hat, wird sich die leitende Krankenhauszahnärztin sicherlich noch an sie und das angenehme Gespräch erinnern können.

Lebenslauf

Grundsätzlich ist es für Bewerber mit wenig Berufserfahrung nicht leicht, das eigene Können darzustellen. Frau Hopp gelingt dies aber sehr gut. Sie führt in ihrem Lebenslauf die einzelnen Aufgaben an, die ihr von ihrem Arbeitgeber übertragen worden sind. Da sie bei der Leserin nichts als selbstverständlich voraussetzt, kann sie ein umfangreiches Bild ihrer beruflichen Erfahrung zeichnen. Stück für Stück wird ein interessantes Profil deutlich gemacht.

Fazit

Es reicht nicht aus zu wissen, dass man etwas kann. Dieses Können muss in den Bewerbungsunterlagen auch für andere sichtbar gemacht werden. Gratulation zu dieser Bewerbungsmappe!

Stellenanzeigen: Das will die Firma

Personalverantwortliche reagieren sehr ungehalten, wenn Bewerber mit ihren Bewerbungsunterlagen nicht auf die Anzeige eingehen.

Damit Sie dies vermeiden, werden wir Ihnen zeigen, wie Sie die in den Stellenanzeigen enthaltenen Wünsche der Unternehmen erkennen können. Machen Sie sich dazu mit dem üblichen Aufbau von Anzeigen vertraut. Diese sind fast immer in die Blöcke *Informationen über das Unternehmen, Beschreibung der zukünftigen Aufgaben, Ihre Voraussetzungen* und *Kontaktdaten* gegliedert. In allen Blöcken verstecken sich wichtige Informationen für Ihre Bewerbung.

Informationen über das Unternehmen

Es werden Hinweise über die Unternehmensgröße, die Branche und eventuell den Standort gegeben. Daneben können Sie aus der Unternehmensbeschreibung oft auch erkennen, ob das Unternehmen auf Wachstumskurs ist, eher traditionsorientiert auftritt oder neue Märkte erschlossen werden sollen.

Die zukünftigen Aufgaben

Begehen Sie nicht den Fehler, die zukünftigen Aufgaben zu missachten. Wir erleben in unserer Beratungspraxis häufig, dass im Anschreiben und im Lebenslauf der Schwerpunkt auf die Darstellung bisheriger Aufgaben gelegt, aber auf die neuen Tätigkeiten nicht ausreichend eingegangen wird. Dabei ist es ein offenes Geheimnis, dass derjenige Bewerber, der aufzeigen kann, dass er mit den neuen Aufgaben bereits in Berührung gekommen ist, den Zuschlag erhält. Hier lohnt sich also ganz besonders die Detailarbeit. Versuchen Sie deshalb, so viele Überschneidungen wie möglich von bisherigen Tätigkeiten und neuen Aufgaben in Ihren Bewerbungsunterlagen herauszustellen.

Voraussetzungen des Bewerbers

Auf die im Block *Ihre Voraussetzungen* genannten Anforderungen müssen Sie explizit eingehen. Schreiben Sie aber nicht einfach die gewünschten Fachkenntnisse und Soft Skills ab. Besonders Ihre Soft Skills müssen Sie anhand von Praxisbeispielen erläutern, sonst wirken Sie unglaubwürdig. Muss-Anforderungen aus dem fachlichen Bereich müssen Sie auf jeden Fall aufgreifen und beispielhaft belegen, sonst verschlechtern Sie Ihre Chancen drastisch. Bei den Kann-Anforderungen haben Sie dagegen einen gewissen Spielraum.

Kontaktdaten und Formelles

Beachten Sie die in den Kontaktdaten des Unternehmens aufgeführten Vorgaben. Wird ein Eintrittstermin von Ihnen verlangt, sollten Sie ihn ebenso angeben wie eine gewünschte Gehaltsvorstellung. Ist in den Kontaktdaten ein persönlicher Ansprechpartner mit telefonischer Durchwahl aufgeführt, sollten Sie ihn auch anrufen. Denn wenn Sie zusätzliche Anforderungen erfahren, erarbeiten Sie sich einen Informationsvorsprung. Fragen Sie beispielsweise, in welcher Gewichtung einzelne Aufgaben zueinander stehen.

Checkliste für die Auswertung Ihrer Stellenanzeigen

❏ Welchen ersten Eindruck haben Sie von der Stellenanzeige (konservativ, modern, sachlich, dynamisch)?

❏ Handelt es sich bei dem Unternehmen um einen Konzern, ein mittelständisches Unternehmen, einen Kleinbetrieb, oder sucht der öffentliche Dienst?

❏ Haben Sie schon einmal etwas über das Unternehmen gehört?

❏ Kann man einen gewissen Stolz auf besondere Produkte oder Dienstleistungen aus der Anzeige herauslesen?

❏ Ist das Unternehmen regional, deutschlandweit oder international tätig?

❏ Finden Sie die Stellenanzeige aussagekräftig, oder werden nur Allgemeinplätze aufgeführt?

❏ Wird das Aufgabenfeld der zukünftigen Tätigkeit deutlich?

❏ Haben Sie die geforderten Fachkenntnisse in der Stellenanzeige identifiziert?

❏ Sind die verlangten persönlichen Fähigkeiten, die Soft Skills, von Ihnen erkannt worden?

❏ Werden Sprachkenntnisse – direkt oder indirekt – verlangt?

❏ Wünscht man bestimmte EDV-Kenntnisse vom neuen Mitarbeiter?

❏ Haben Sie die Muss- und die Kann-Anforderungen identifiziert?

❏ Welche Voraussetzungen erfüllen Sie Ihrer Meinung nach? Und welche nicht?

❏ Wird ein bestimmter Ausbildungs- oder Studienabschluss gefordert?

❏ Fordert das Unternehmen spezielle Erfahrungen ein (Aufbauarbeit, Beratung, Organisation, Außendienst, Schulung, Datenverarbeitung)?

❏ Wird mehrjährige Berufserfahrung verlangt?

❏ Ist eine Altersgrenze genannt (Mindestalter, Höchstalter)?

❏ Fordert man von Ihnen Reisetätigkeit (Inland, Ausland)?

❏ Gibt es Hinweise auf Einarbeitung, Fortbildung oder Entwicklungschancen?

❏ Sollen Sie Ihre Gehaltsvorstellungen äußern?

❏ Sollen Sie den frühesten Eintrittstermin angeben?

❏ Ist eine Bewerbungsfrist enthalten?

❏ Gibt es eine Kennziffer für die Stellenanzeige?

❏ Wird eine vollständige Bewerbung oder eine Kurzbewerbung gefordert?

❏ Sind persönliche Ansprechpartner für die Bewerbung aufgeführt?

❏ Wird die direkte Durchwahl oder die persönliche E-Mail-Adresse des Ansprechpartners angegeben?

❏ Gibt es einen Hinweis auf eine Homepage des Unternehmens?

Anschreiben: So vermitteln Sie Ihre Stärken

Wir wissen aus unserer Beratungspraxis, dass für die meisten Bewerberinnen und Bewerber die Erstellung eines Anschreibens eine einzige Qual ist. Oft bleibt noch nach vielen Stunden das Blatt Papier leer oder der Papierkorb quillt über mit zerknüllten Entwürfen. Unbestritten ist das Anschreiben der unbeliebteste Bestandteil der Bewerbungsmappe. Manche Bewerber resignieren schließlich und füllen das Blatt dann mit belanglosen Sätzen. Andere schweifen aus und verlieren sich in unwichtigen Details. Personalverantwortliche beklagen sich in regelmäßigen Abständen darüber, dass der Informationsgehalt von Anschreiben viel zu gering ist, um als fundierte Entscheidungsgrundlage für die Einstellung dienen zu können.

Sorgen Sie für einen guten Start

Personalverantwortliche beginnen die Überprüfung der Bewerbungsmappe in der Regel mit dem Lesen des Anschreibens. Wenn Sie mit diesem Schriftstück nicht überzeugen können, steht die weitere Prüfung der Unterlagen von vornherein unter einem schlechten Stern. Personalprofis sind es gewohnt, sich in kürzester Zeit ein Bild von den Qualifikationen und der Persönlichkeit eines Bewerbers zu machen. Springen schon beim Überfliegen des Anschreibens Fehler, Widersprüche und Ungereimtheiten ins Auge, sieht es düster aus.

Welche Funktion hat das Anschreiben?

Nicht wenige Bewerber verwechseln das Anschreiben mit einem bloßen Begleitbrief zu den Bewerbungsunterlagen. Sie halten es absichtlich informationsarm und fordern den Leser nur dazu auf, sich die gewünschten Informationen doch (gefälligst) selbst aus den restlichen Unterlagen herauszusuchen.

Bei Personalverantwortlichen hat das Anschreiben jedoch einen herausragenden Stellenwert. Aus ihrer Sicht ist es eine Art Selbstgutachten über das berufliche Können eines Bewerbers. Er muss daher den Firmenvertretern von sich aus klar machen, dass er sich zutraut, die neuen Aufgaben ohne Probleme zu bewältigen.

Damit schaden sich Bewerber

Das Anschreiben dient nicht nur zur Einschätzung des fachlichen Könnens eines Bewerbers. Man versucht auch, sich ein erstes Bild seiner Persönlichkeit zu machen. Personalprofis sind darin geübt, zwischen den Zeilen zu lesen, und haben ein feines Gespür für widersprüchliche Angaben. Aus der Aufbereitung der Unterlagen werden zudem Rückschlüsse über die Arbeitsweise des Bewerbers gezogen. Ist der Kandidat sorgfältig vorgegangen, oder häufen sich formale Fehler (Rechtschreibung, korrekte Anschrift, Lesefreundlichkeit)? Hat der Bewerber viele Flüchtigkeitsfehler gemacht und bei seiner Kontrolle übersehen, wird man ihm unterstellen, dass er auch im Berufsalltag zu einer schludrigen Arbeitsweise neigt. Und wenn Probleme oder Krisen am jetzigen Arbeitsplatz thematisiert werden, vermuten Personalprofis schnell, dass der Bewerber Schuldige sucht, statt selbst aktiv an Problemlösungen zu arbeiten.

Checkliste für Ihr Anschreiben

❏ Haben Sie Ihre private Telefonnummer oder Ihre Handynummer und, falls vorhanden, eine private E-Mail-Adresse angegeben?

❏ Stimmt die Firmenanschrift?

❏ Haben Sie die richtige Rechtsform der Firma und die korrekte Abteilungsbezeichnung aufgeführt?

❏ Sind Erstellungsort und Tagesdatum aufgeführt?

❏ Haben Sie in der Betreffzeile die Position aufgeführt, für die Sie sich bewerben?

❏ Ist in der Bezugzeile die Fundstelle der Stellenausschreibung genannt?

❏ Haben Sie auf ein vorab geführtes Telefonat in der Bezugzeile hingewiesen?

❏ Haben Sie auf die überkommenen Kürzel „Betr." und „Bzg." verzichtet?

❏ Richtet sich Ihr Anschreiben an einen persönlichen Ansprechpartner? Und haben Sie seinen Namen richtig geschrieben?

❏ Ist das Anschreiben lesefreundlich aufbereitet (Absätze, Schriftgröße, Schrifttyp, Seitenrand)?

❏ Sind Sie auf die Anforderungen der ausgeschriebenen Stelle eingegangen?

❏ Haben Sie Ihre Erfahrungen stichwortartig beschrieben und auf unnötige Bewertungen verzichtet?

❏ Ist Ihr Anschreiben frei von Problemschilderungen, Thematisierungen persönlicher Krisen oder Vorwürfen an den jetzigen Arbeitgeber?

❏ Gibt es Beispiele für Ihre erfolgreiche Arbeit?

❏ Ist Ihr Anschreiben auch für Fachfremde (Personalverantwortliche) verständlich?

❏ Haben Sie Angaben zu Ihrem Eintrittstermin und Ihren Gehaltswünschen gemacht, wenn dies verlangt wurde?

❏ Kann der Leser Ihre Soft Skills aus aussagekräftigen Praxisbeispielen herauslesen?

❏ Erleichtert Ihr Anschreiben dem Leser den Abgleich von Bewerberprofil und Stellenprofil?

❏ Finden Sie sich selbst in Ihrem Anschreiben wieder?

❏ Haben Sie eine Endkontrolle durchgeführt oder besser: durchführen lassen?

❏ Ist Ihr Anschreiben unterschrieben?

Lebenslauf: Argumente für Ihre Einstellung

In Blöcke gliedern

Die Aussagekraft von Lebensläufen leidet oft darunter, dass Bewerber einfach ihren Lebensweg nacherzählen. Personalverantwortliche werden sich aber nicht die Mühe machen, aus einem Informationsbrei die wesentlichen Fakten herauszufiltern. Gliedern Sie deshalb Ihren Lebenslauf, damit die für die neue Stelle wichtigen Informationen dem Leser sofort ins Auge springen. Eine zentrale Rolle spielt dabei der Block *Berufstätigkeit*, den Sie am ausführlichsten gestalten sollten. Zusätzlich sollten Sie die Blöcke *Persönliche Daten*, *Ausbildung/Studium*, *Weiterbildung* und *Zusatzqualifikationen* bilden. Falls Sie Wehr- oder Zivildienst abgeleistet oder sich in einem sozialen Jahr engagiert haben, können Sie dafür einen weiteren Block bilden.

Das Wichtigste zuerst

Für Personalverantwortliche ist entscheidend, ob Ihre beruflichen Erfahrungen vermuten lassen, dass Sie die Aufgaben in der neuen Stelle in den Griff bekommen. Ihre momentane Tätigkeit beziehungsweise Ihre letzte Stelle sagt darüber in der Regel am meisten aus und ist daher für die Firmenseite die wichtigste Station. Aus diesem Grund empfehlen wir Ihnen die rückwärts-chronologische Darstellung der Stationen Ihres Werdeganges. Konkret heißt das, dass Sie die einzelnen Blöcke, die Sie in Ihrem Lebenslauf bilden, immer mit den aktuellsten Informationen beginnen und dann stationenweise zurückgehen sollten.

Argumente für Ihre Einstellung

Nutzen Sie die Chance, Ihre Berufserfahrung im Lebenslauf aussagekräftig darzustellen. Es reicht nicht aus, nur das Unternehmen und die Stellenbezeichnung anzugeben. Aus einer Aussage wie *Kaufmann bei der Handels GmbH* kann selbst der Personalprofi nicht herauslesen, welche Tätigkeiten der Bewerber tatsächlich ausgeübt hat. Ersparen Sie Ihrem Leser das große Rätselraten. Konkreter wäre die Angabe: *Handels GmbH, Hamburg, Abteilung Einkauf, Disponent im Einkauf, Tätigkeiten: Betreuung einer eigenen Warengruppe, Bedarfsermittlung, Bestandsmanagement, Sonderaufgabe: Kostensenkung im Einkauf*. Geben deshalb auch Sie Ihre Berufserfahrung nach dem Schema *Unternehmen, Ort, Abteilung, Stellenbezeichnung, ausgewählte Tätigkeiten, eventuell Sonderaufgaben und Projekte* an. Lassen Sie ein konkretes Berufs- und Tätigkeitsprofil vor den Augen des professionellen Lesers aufscheinen.

Die richtigen Stichworte

Ihre Tätigkeitsbeschreibung sollten Sie als stichwortartige Aufzählung gestalten. Formulieren Sie keine ganzen Sätze, aber benutzen Sie auch keine Abkürzungen, die ein Außenstehender nicht verstehen kann. Formulierungen für Ihre Angaben finden Sie in Arbeitsplatzbeschreibungen, Arbeitszeugnissen, Projektberichten, aber auch in Stellenanzeigen, in denen Ihre momentane Position ausgeschrieben wird.

Checkliste für Ihren Lebenslauf

❏ Ist der erste Eindruck von Ihrem Lebenslauf positiv?

❏ Haben Sie an alle Kontaktdaten gedacht (Name, Anschrift, Telefon, private E-Mail-Adresse, Handy)?

❏ Sind Ihre persönlichen Daten vollständig (Geburtsdatum, -ort, Familienstand, Kinder, Nationalität)?

❏ Haben Sie aussagekräftige Blöcke gebildet (beispielsweise Berufstätigkeit, Ausbildung, Fortbildung, Weiterbildung, Fremdsprachen, EDV-Kenntnisse)?

❏ Sind die Zeitangaben zu den einzelnen Stationen innerhalb der jeweiligen Blöcke in der richtigen Reihenfolge?

❏ Führen Sie Zeitangaben in Monat und Jahr auf?

❏ Ist der Lebenslauf lückenlos (keine Fehlzeiten)?

❏ Haben Sie die beruflichen Stationen korrekt angegeben (Firma mit richtiger Rechtsform, Ort, Abteilung, Positionsbezeichnung, Tätigkeiten)?

❏ Beschreiben Sie stichwortartig die Tätigkeiten, die Sie in den einzelnen beruflichen Stationen ausgeübt haben?

❏ Nennen Sie auch Sonderaufgaben und/oder Projekte?

❏ Haben Sie die wichtigsten beruflichen Stationen (üblicherweise die letzten beiden) ausführlich genug beschrieben?

❏ Ist ein roter Faden in Ihrem Lebenslauf zu erkennen, der auf die ausgeschriebene Position hinführt?

❏ Haben Sie Ihre beruflichen Erfolge konkret genug herausgestellt (Qualitätsverbesserungen, Ausweitung des Kundenstammes, Verkaufserfolge)?

❏ Entsteht beim Leser das Bild eines aktiven Bewerbers?

❏ Haben Sie längere Verweildauern in Firmen zeitlich unterteilt und dadurch Ihre unterschiedlichen Aufgabenbereiche herausgestellt?

❏ Sind die von Ihnen angegebenen Weiterbildungsmaßnahmen wichtig für die neue Position?

❏ Zeigen Sie, dass Sie nicht nur Ihre Fachkenntnisse, sondern auch Ihre Soft Skills in Seminaren und Trainings weiterentwickelt haben?

❏ Unterlassen Sie sowohl weitschweifige Umschreibungen als auch unverständliche Abkürzungen?

❏ Haben Sie Ihre Sprach- und EDV-Kenntnisse bewertet?

❏ Ist der Lebenslauf von Ihnen unterschrieben, und haben Sie Erstellungsort und -datum angegeben?

Bewerbungsfoto: Zeigen Sie Ihre Schokoladenseite

Ein Foto sagt manchmal mehr als tausend Worte. Auf jeden Fall aber vermitteln Sie mit dem Bewerbungsfoto den Unternehmensvertretern einen ersten persönlichen Eindruck von sich. Dieser Macht des ersten Eindrucks können sich auch Personalverantwortliche nicht entziehen. Sammeln Sie deshalb mit einem optimalen Bewerbungsfoto Sympathiepunkte. Zeigen Sie, wie Sie Ihre zukünftige Position sehen und wie Sie das Unternehmen nach außen darstellen wollen.

Investieren Sie in Ihre Zukunft?

Personalprofis sind darin geübt, einzelne Detailinformationen aus der Bewerbungsmappe so zusammenzufügen, dass ein positiver oder negativer Gesamteindruck des Bewerbers entsteht. Hierbei spielt das Bewerbungsfoto eine wichtige Rolle. Ist das Foto beispielsweise abgegriffen oder zerknickt, entstehen Spekulationen darüber, von wie vielen Unternehmen der Bewerber bereits abgelehnt worden ist. Auch Automatenfotos, eingescannte und direkt auf den Lebenslauf gedruckte Fotos machen einen eher schlechten Eindruck. Berufseinsteigern wird vielleicht noch nachgesehen, dass sie auf diese Weise Kosten sparen möchten, aber zukünftige Mitarbeiter mit Berufserfahrung sollten nicht den Eindruck erwecken, dass sie ihre Bewerbung als kostengünstige Massendrucksache abwickeln möchten.

Passen Sie zur Firma?

Aus unseren eigenen Erfahrungen in der Überprüfung und Optimierung von Bewerbungsunterlagen wissen wir, dass es mit dem Bewerbungsfoto häufig nicht zum Besten bestellt ist. Aber damit keine Missverständnisse aufkommen: Sie werden nicht eingestellt, nur weil Sie auf dem Foto überzeugend lächeln und richtig angezogen sind. Wichtig ist jedoch, dass Sie mit dem Bewerbungsfoto keine Fehler machen und keine Antipathie beim Betrachter hervorrufen. Dann werden Sie nämlich aussortiert, bevor Sie eine Chance zur Darstellung Ihrer Fähigkeiten im persönlichen Gespräch bekommen.

Checkliste für Ihr Bewerbungsfoto

❏ Haben Sie ein aktuelles Bewerbungsfoto ausgewählt?

❏ Ist Ihr Gesichtsausdruck freundlich, aber nicht anbiedernd?

❏ Wirkt Ihre Mimik und Gestik auf dem Foto gestelzt oder glaubwürdig?

❏ Sind Freunde, Bekannte, Partner der Meinung, dass Sie auf dem Foto gut getroffen sind?

❏ Spiegeln sich auch keine aktuellen Krisen – Konflikte am Arbeitsplatz, Kündigung oder Arbeitslosigkeit – in Ihrem Gesicht wider?

❏ Wirken Sie – je nach den Bedürfnissen der Position – auf dem Foto dynamisch, souverän, verlässlich oder zielstrebig?

❏ Passt die Kleidung auf dem Foto zur angestrebten Position?

❏ Ist der Hintergrund hell genug?

❏ Hat man Ihr Gesicht gut ausgeleuchtet?

❏ Bei Frauen: Sind Make-up und Schmuck dezent?

❏ Bei Männern: Ist kein Bartschatten zu sehen? Ist ein Haarschnitt zu erkennen?

❏ Hat der Fotograf ein Porträtfoto angefertigt (auch ein Teil der Schultern ist zu sehen)?

❏ Ist das Foto groß genug (etwas größer als ein Passfoto)?

❏ Haben Sie auf der Rückseite des Fotos Namen und Adresse angegeben?

❏ Ist das Foto mit wieder ablösbaren Haftpunkten, Montagekleber oder Fotoecken auf dem Lebenslauf beziehungsweise dem Deckblatt befestigt?

❏ Haben Sie genügend Fotos vorrätig, um auf interessante Anzeigen schnell genug reagieren zu können?

Ihre Leistungsbilanz: Ziehen Sie den Bewerbungsjoker

Viele Bewerberinnen und Bewerber fragen uns bei Vorträgen oder in Seminaren, ob sie neben Anschreiben, Lebenslauf und Bewerbungsfoto nicht noch etwas anderes in die Mappe legen können, um die Aussagekraft ihrer Bewerbung zu erhöhen. Hier bietet sich die von uns entwickelte Leistungsbilanz an. Wenn Sie schon Berufserfahrungen mitbringen, können Sie damit konkrete Berufserfahrungen wie Projektbetreuungen oder Urlaubsvertretungen belegen. Wenn Sie als Schulabgänger oder Hochschulabsolvent noch am Anfang Ihres Berufslebens stehen, empfiehlt es sich, eher von einer „Motivationsseite" zu sprechen.

Eine Leistungsbilanz ist keine „dritte Seite"

In manchen Bewerbungsratgebern wird eine so genannte „dritte Seite" empfohlen. Damit hat die von uns vorgestellte Leistungsbilanz allerdings nichts zu tun. Dritte Seiten bringen Bewerber nicht weiter, weil sie aus abgeschriebenen Phrasen, oberflächlichen Formulierungen und nichtssagenden Allgemeinplätzen bestehen. Dritte Seiten passen auf jeden x-beliebigen Bewerber gleich gut, genauer gesagt gleich schlecht, weil ein individuelles Profil nicht deutlich wird. Eine zusätzliche Seite in der Bewerbungsmappe ist aber nur dann sinnvoll, wenn sie Personalverantwortlichen auch wirklich *zusätzliche* Informationen liefert.

Die Klammer zwischen Anschreiben und Lebenslauf

Ein Manko vieler Bewerbungen ist, dass Personalverantwortliche nicht schnell genug erkennen können, ob der Bewerber über passende Erfahrungen für die neue Stelle verfügt. Hier hilft es, neben Anschreiben und Lebenslauf eine Leistungsbilanz als zusätzliches Element einzufügen. Bei der Überschrift sind Sie nicht fest gelegt: Nennen Sie Ihre Extraseite beispielsweise *Berufliche Stärken, Motivationsseite, Meine Erfahrungen als ...* oder auch *Auf einen Blick.* Liefern Sie mit Ihrer Leistungsbilanz konkrete Beispiele dafür, dass Sie mit den Aufgaben in der neuen Stelle zurechtkommen werden.

Passgenauigkeit überzeugt

Mit der Leistungsbilanz haben Sie einen immensen Gestaltungsspielraum, um die Argumente in den Vordergrund zu stellen, die für Sie sprechen. Erstellen Sie Ihre Leistungsbilanz also passgenau im Hinblick auf den neuen Job. Überlegen Sie sich, mit welchen Tätigkeiten Sie schon in Berührung gekommen sind, über welche Branchenerfahrungen Sie verfügen, welche früheren beruflichen Erfolge interessant sein könnten und wie sich geforderte Soft Skills (Teamfähigkeit, Kontaktstärke, Eigeninitiative oder andere) belegen lassen. Achten Sie darauf, dass Ihre Leistungsbilanz auch vom Layout her zu Anschreiben und Lebenslauf passt. Alle drei Elemente sollten wie aus einem Guss wirken. Verwenden Sie deshalb bei der Gestaltung am PC die gleichen Schriftarten und Schriftgrößen und beim Ausdrucken die gleiche Papiersorte.

Checkliste für Ihre Leistungsbilanz

❏ Haben Sie sich für Ihre Leistungsbilanz eine passende Überschrift überlegt, beispielsweise *Leistungsbilanz, Berufliche Stärken, Mein Profil, Berufliches Profil, Leistungsbilanz, Meine Erfahrungen als ...*, *Auf einen Blick* oder *Meine beruflichen Erfahrungen*?

❏ Enthält die Leistungsbilanz Ihre Kontaktdaten, damit die aufgeführten Informationen Ihnen persönlich zugerechnet werden können?

❏ Ist Ihre Leistungsbilanz strukturiert und in mehrere Blöcke unterteilt?

❏ Liefert die Leistungsbilanz über das Anschreiben und den Lebenslauf hinaus zusätzliche Informationen?

❏ Ist Ihre Leistungsbilanz auf die ausgeschriebene Stelle passgenau zugeschnitten?

❏ Wenn Sie nach Inhalten für Ihre Leistungsbilanz suchen:
  ❏ Welche Tätigkeiten, die für die neue Stelle interessant sind, haben Sie bereits ausgeübt?
  ❏ Verfügen Sie über Branchenerfahrung?
  ❏ Werden für die ausgeschriebene Stelle Soft Skills wie Teamfähigkeit, Kontaktstärke, Eigeninitiative verlangt, die Sie mit konkreten Beispielen belegen können?
  ❏ Gibt es besondere berufliche Erfolge, die für die neue Stelle interessant sind?
  ❏ Haben Sie schon einmal an Projekten mitgearbeitet oder Sonderaufgaben übernommen?
  ❏ Haben Sie Kollegen vertreten (Urlaub, Krankheit)?
  ❏ Waren Sie Ansprechpartner für Auszubildende, Kollegen oder neue Mitarbeiter?
  ❏ Haben Sie EDV- oder Sprachkurse besucht, die für die neue Stelle wichtig sind?

❏ Passt das Layout der Leistungsbilanz zu Anschreiben und Lebenslauf?

❏ Haben Sie Ihre Leistungsbilanz mit Ort und Tagesdatum versehen und unterschrieben?

❏ Sorgt Ihre Leistungsbilanz dafür, dass Personalverantwortliche Ihre beruflichen Stärken – bezogen auf die zu vergebende Stelle – besser erkennen können?

❏ Wird aus der Leistungsbilanz ersichtlich, dass Sie mit den Aufgaben in der neuen Stelle zurechtkommen werden?

Vollständigkeit: Was gehört in die Mappe?

Grundsätzlich gehören zu einer vollständigen Bewerbungsmappe das Anschreiben, der Lebenslauf, das Bewerbungsfoto sowie Kopien von Arbeitszeugnissen und des berufsqualifizierenden Abschlusses. Hinzu kommen eventuell Kopien von Fortbildungsabschlüssen, Weiterbildungsbestätigungen und sonstigen Zertifikaten. Achten Sie auf Kopien in guter Qualität, und legen Sie das Anschreiben lose obenauf in die Mappe.

Alle Ihre beruflichen Stationen sollten Sie unbedingt mit einem Arbeitszeugnis belegen. Denn fehlt ein Arbeitszeugnis, wird schnell vermutet, dass die Bewertung Ihrer Arbeitsleistungen nicht so überzeugend ausgefallen ist. Hier gibt es nur eine Ausnahme: Für Ihre aktuelle Tätigkeit müssen Sie nicht zwingend ein Zwischenzeugnis beilegen. Personalprofis haben in der Regel Verständnis dafür, dass Sie an Ihrem derzeitigen Arbeitsplatz keine Unruhe durch die Bitte um Anfertigung eines Zwischenzeugnisses entstehen lassen wollen.

Ihre Unterlagen sollten Sie so einsortieren: Fangen Sie hinter dem Lebenslauf mit den aktuellen Belegen an, und gehen Sie dann zeitlich zurück. Es gilt das jeweilige Ausstellungsdatum des Schriftstückes. Eine Wahlmöglichkeit haben Sie bei Weiterbildungen: Sie können die Nachweise entweder zeitlich einordnen oder auch zusammengefasst ganz nach unten in die Mappe legen.

In der Abbildung *Die klassische Zusammenstellung* sehen Sie, in welcher Reihenfolge Sie Ihre Unterlagen einsortieren können. Auf das einseitige Anschreiben folgt der zweiseitige tätigkeitsbezogene Lebenslauf. Die weiteren Unterlagen beginnen üblicherweise mit dem Arbeitszeugnis Ihres vorherigen Arbeitgebers oder, wenn vorhanden, mit einem Zwischenzeugnis des momentanen Arbeitgebers. Danach folgen Kopien früherer Arbeitszeugnisse, des berufsqualifizierenden Abschlusses sowie abschließend von Weiterbildungszertifikaten.

Die klassische Zusammenstellung

Anschreiben	Lebenslauf mit Foto Seite 1	Lebenslauf Seite 2	eventuell Zwischenzeugnis	Arbeitszeugnis des vorherigen Arbeitgebers	Arbeitszeugnis des vorvorherigen Arbeitgebers
Ausbildungsabschluss oder Studienabschluss	Weiterbildungszertifikat 1	Weiterbildungszertifikat 2	Weiterbildungszertifikat 3	Weiterbildungszertifikat 4	

Wenn Sie Ihrer Bewerbungsmappe als zusätzliches drittes Element eine Leistungsbilanz beifügen möchten, können Sie sich an der Abbildung *Die klassische Zusammenstellung mit Leistungsbilanz* orientieren. Dann folgt im Anschluss an den Lebenslauf eine Leistungsbilanz, die Ihre beruflichen Stärken zusammenfasst.

Die klassische Zusammenstellung mit Leistungsbilanz

Anschreiben	Lebenslauf mit Foto Seite 1	Lebenslauf Seite 2	Leistungsbilanz	Arbeitszeugnis des vorherigen Arbeitgebers	Arbeitszeugnis des vorvorherigen Arbeitgebers
Ausbildungsabschluss oder Studienabschluss	Weiterbildungszertifikat 1	Weiterbildungszertifikat 2	Weiterbildungszertifikat 3	Weiterbildungszertifikat 4	Weiterbildungszertifikat 5

Häufig kommt es vor, dass sich Bewerber beruflich neu orientiert haben, beispielsweise durch eine Umschulung oder Fortbildung zur Personalfachkauffrau, zum Techniker, zum Meister oder zur technischen Betriebswirtin. Diese Neuorientierung muss natürlich auffallen. Sie dürfen die entsprechenden Nachweise also nicht zu den Seminarbestätigungen ans Ende der Mappe legen, damit diese wichtigen Dokumente nicht übersehen werden. Ordnen Sie Fortbildungsabschlüsse oder Umschulungszertifikate zeitlich ein. Orientieren Sie sich dabei an der Abbildung *Die klassische Zusammenstellung mit Fortbildung/Umschulung*.

Die klassische Zusammenstellung mit Fortbildung/Umschulung

Anschreiben	Lebenslauf mit Foto Seite 1	Lebenslauf Seite 2	Arbeitszeugnis des vorherigen Arbeitgebers	Fortbildungs- oder Umschulungsnachweis	Arbeitszeugnis des vorvorherigen Arbeitgebers
Ausbildungsabschluss oder Studienabschluss	Weiterbildungszertifikat 1	Weiterbildungszertifikat 2	Weiterbildungszertifikat 3	Weiterbildungszertifikat 4	Weiterbildungszertifikat 5

Weitere Variationsmöglichkeiten für die Zusammenstellung Ihrer Bewerbungsunterlagen erhalten Sie, wenn Sie ein zusätzliches Deckblatt verwenden, siehe Abbildung *Variation mit Deckblatt vor dem Anschreiben*. Dieses Deckblatt können Sie ganz nach vorne stellen, womit Sie eine Art individuelles Titelblatt für Ihre Bewerbungsmappe erreichen. Sie können das Deckblatt auch mit Ihrem Bewerbungsfoto schmücken. Dies eröffnet Ihnen zum Beispiel die Möglichkeit, ein etwas größeres Foto zu verwenden. Schreiben Sie auf dem Deckblatt nicht bloß *Bewerbungsunterlagen von ...*, sonst wirkt Ihre Bewerbung wenig passgenau. Geben Sie auf dem Deckblatt die genaue Position an, auf die Sie sich bewerben, siehe *Muster Deckblatt 1* und *2*. Es bietet sich an, auch Ihre Kontaktdaten aufzuführen. Verzichten Sie aber nicht darauf, diese Daten auf dem Anschreiben und dem Lebenslauf erneut zu vermerken.

Variation mit Deckblatt vor dem Anschreiben

Deckblatt mit Foto	Anschreiben	Lebenslauf ohne Foto Seite 1	Lebenslauf Seite 2	Arbeitszeugnis des vorherigen Arbeitgebers	Arbeitszeugnis des vorvorherigen Arbeitgebers

Muster Deckblatt 1

Frauke Schön

Goetheplatz 6
71034 Böblingen
Tel. 0 70 31 – 1 21 12 21
E-Mail: F.Schön@aol.de

Bewerbung als **Speditionskauffrau**

Muster Deckblatt 2

Bewerbungsunterlagen für die PD-Marketing GmbH

Stefan Rickmehrs
Wilstorfer Straße 71
22045 Hamburg

Position: Marketingmitarbeiter

Tel.: (0 40) 1 23 32 34
Mobil: (01 78) 1 25 32 34
E-Mail: stefan.rickmehrs@t-online.de

Statt als Titelblatt für Ihre gesamte Mappe können Sie das Deckblatt auch nach dem Anschreiben einsortieren. Das Deckblatt ist dann die Einleitungsseite zum Lebenslauf. Siehe *Variation mit Deckblatt nach dem Anschreiben*.

Variation mit Deckblatt nach dem Anschreiben

Anschreiben	Deckblatt mit Foto und persönlichen Daten	Lebenslauf ohne Foto Seite 1	Lebenslauf Seite 2	Arbeitszeugnis des vorherigen Arbeitgebers	Arbeitszeugnis des vorvorherigen Arbeitgebers

Bei sehr umfangreichen Anlagen bietet es sich an, ein Anlagenverzeichnis zu erstellen, damit der Überblick gewahrt bleibt. Auf dem Anschreiben ist in der Regel zu wenig Platz dafür, weshalb dort der bloße Vermerk *Anlagen* ausreicht. Ein ausführliches Anlagenverzeichnis kann jedoch als separates Blatt an den Lebenslauf anschließen, um dem Leser die Orientierung in umfangreichen Unterlagen zu erleichtern, siehe Abbildung *Variation mit Anlagenverzeichnis*. Unser *Muster Anlagenverzeichnis* zeigt Ihnen einen möglichen Aufbau dieser Extraseite.

Variation mit Anlagenverzeichnis

Anschreiben	Deckblatt mit Foto	Lebenslauf ohne Foto Seite 1	Lebenslauf Seite 2	Anlagenverzeichnis	Arbeitszeugnis des vorherigen Arbeitgebers

Muster Anlagenverzeichnis

ANLAGENVERZEICHNIS

- Zwischenzeugnis Küchencenter GmbH

- Weiterbildungszertifikat AutoCAD

- Arbeitszeugnis Baustoffzentrum GmbH & Co. KG

- Bescheinigung Gefahrgutbeauftragter

- Seminarbescheinigung Lagerwirtschaft in der Praxis

- Ausbildungszeugnis Industriekaufmann

- Prüfungszeugnis Industriekaufmann

- Schulzeugnis der Mittleren Reife

Bedenken Sie bei der Erstellung Ihrer Bewerbungsmappe aber immer, dass Sie wirklich nur Unterlagen einsortieren, die für eine Einstellungsentscheidung relevant sind und Ihre Mappe nicht unnötig aufblähen.

Wann empfiehlt sich eine Kurzbewerbung?

Grundsätzlich möchten wir Ihnen empfehlen, nur vollständige Bewerbungsmappen zu versenden. Damit unterstreichen Sie, dass Ihnen die Bewerbung bei diesem Unternehmen besonders wichtig ist. Kurzbewerbungen erwecken schnell den Eindruck von Bewerbungsrundschreiben. Personalverantwortliche könnten vermuten, dass Sie sich nicht gezielt beworben haben und Ihrer Bewerbung kritischer als nötig gegenüberstehen. Pflicht sind Kurzbewerbungen allerdings dann, wenn das Unternehmen dies ausdrücklich wünscht. Sie bestehen aus einem Anschreiben und dem Lebenslauf mit Foto. Eine Leistungsbilanz kann jedoch auch hier für mehr Aussagekraft sorgen. Auf eine Mappe können Sie ebenso verzichten wie auf Kopien von Arbeitszeugnissen, des berufsqualifizierenden Abschlusses, Weiterbildungszertifikaten und sonstiger Leistungsnachweise. Kurzbewerbungen umfassen zwei bis vier DIN-A4-Seiten und sind deshalb auch kostengünstig zu versenden. Den Aufbau sehen Sie in den Abbildungen *Kurzbewerbung* und *Kurzbewerbung mit Leistungsbilanz*.

Kurzbewerbung

Anschreiben	Lebenslauf mit Foto Seite 1	Lebenslauf Seite 2

Kurzbewerbung mit Leistungsbilanz

Anschreiben	Lebenslauf mit Foto Seite 1	Lebenslauf Seite 2	Leistungsbilanz

Checkliste
für Ihre vollständige Bewerbungsmappe

❏ Sind die Anlagen in der richtigen Reihenfolge einsortiert?

❏ Beinhaltet Ihre Bewerbungsmappe zumindest das Anschreiben, den Lebenslauf, das Bewerbungsfoto und den berufsqualifizierenden Abschluss?

❏ Haben Sie ein Zwischenzeugnis beigefügt (kein Muss)?

❏ Haben Sie eine Leistungsbilanz ausgearbeitet (kein Muss)?

❏ Falls Sie sich für ein Deckblatt entschieden haben: Ist es von Ihnen auf die angeschriebene Firma und die ausgeschriebene Position zugeschnitten worden?

❏ Liegen die Arbeitszeugnisse früherer Arbeitgeber bei?

❏ Haben Sie die Weiterbildungszertifikate ausgewählt, die für die ausgeschriebene Position wichtig sind?

❏ Gibt es nicht nur Bestätigungen über fachliche Weiterbildungen, sondern auch über Trainings im Bereich Soft Skills (Verhandlungsführung, Präsentieren, Rhetorik, Moderation)?

❏ Haben Sie Nachweise über Umschulungen oder Fortbildungen beigelegt?

❏ Sind die Unterlagen in der richtigen zeitlichen Reihenfolge einsortiert?

❏ Haben Sie bei sehr umfangreichen Anlagen ein Anlagenverzeichnis erstellt?

❏ Sind die Anlagen insgesamt stimmig und aussagekräftig?

❏ Haben Sie für Anschreiben und Lebenslauf die gleiche Papiersorte verwendet?

❏ Sind die beigefügten Kopien von guter Qualität?

Sonderfall: E-Mail-Bewerbung

Immer mehr Firmen überlassen es den Bewerberinnen und Bewerbern, ob sie ihre Unterlagen per Post oder per E-Mail zuschicken möchten. Grundsätzlich bevorzugen wir den Versand von Bewerbungen per Post, weil eine gut aufgemachte Bewerbungsmappe unserer Erfahrung nach überzeugender wirkt. Es kommt aber vor, dass Firmen ausdrücklich eine E-Mail-Bewerbung wünschen oder dass Bewerber sich aus Kostengründen bevorzugt per E-Mail präsentieren.

Wenn Sie sich per E-Mail bewerben möchten, sollte sich Ihre E-Mail-Bewerbung nach Möglichkeit an einen persönlichen Ansprechpartner richten. Adressen wie *personalabteilung@firma.de* oder *info@firma.de* sind zu allgemein. Womöglich erreicht Ihre E-Mail niemals den gewünschten Adressaten, weil sie mit unerwünschter Werbung verwechselt wird. Prüfen Sie also, ob in der Stellenanzeige eine personalisierte E-Mail-Adresse wie *jochen.mueller@firma.de* oder *frauke-schmidt@firma.de* angegeben ist.

Überfordern Sie Personalverantwortliche nicht, indem Sie viele unterschiedliche Dateianhänge mixen. Idealerweise fassen Sie Anschreiben, Lebenslauf und Foto (falls eingesetzt auch Deckblatt und Leistungsbilanz) in einer PDF-Datei zusammen, und Scans von Arbeitszeugnissen, Ausbildungszeugnissen und Weiterbildungszertifikaten in einer zweiten PDF-Datei. Das PDF-Format hat sich als Standard durchgesetzt und lässt sich mit dem Adobe Reader in jeder Firma öffnen.

In die eigentliche E-Mail brauchen Sie nur wenige Zeilen schreiben, beispielsweise *Sehr geehrter Herr Müller, beiligend übersende ich Ihnen meine Bewerbungsunterlagen als PDF-Anhang. Mit freundlichen Grüßen Elke Schmidt.* In der Betreffzeile der E-Mail sollte die Stelle genannt werden, um die es geht, zum Beispiel *Bewerbung als Kaufmännische Angestellte.* Dann weiß der Adressat gleich, worum es eigentlich geht. Verärgern Sie Personalverantwortliche nicht mit zu großen Datenmengen, mehr als zwei Megabyte sollte Ihre E-Mail-Bewerbung nicht umfassen.

Checkliste E-Mail-Bewerbung

❏ Verlangt die Firma ausdrücklich eine Bewerbung per E-Mail?

❏ Gibt es in der Stellenanzeige einen persönlichen Ansprechpartner mit personalisierter E-Mail-Adresse?

❏ Haben Sie auf den Mix verschiedener Datei-Anhänge wie Word, PDF, gif, jpg verzichtet?

❏ Haben Sie Anschreiben, Lebenslauf und Foto (gegebenenfalls auch Deckblatt und Leistungsbilanz) in einer Datei, idealerweise im PDF-Format, zusammengefasst?

❏ Werden die Scans von Arbeitszeugnissen, Ausbildungszeugnissen, Weiterbildungszertifikaten in einer Extra-Datei, idealerweise PDF-Format, beigefügt?

❏ Hat der Empfänger eine maximale Dateigröße angegeben?

❏ Falls eine maximale Dateigröße nicht angegeben ist: Umfasst Ihre E-Mail-Bewerbung weniger als zwei Megabyte?

❏ Klingt Ihr E-Mail-Absender neutral?

❏ Überprüfen Sie Ihr E-Mail-Postfach in der aktiven Bewerbungsphase täglich?

Ideen für Ihren Bewerbungserfolg

Nachdem Sie die 20 vorgestellten Bewerbungsmuster erfolgreicher Kandidaten gesichtet und ausgewertet haben, kommt nun der schwierige Teil: die Ausarbeitung Ihrer eigenen Bewerbungsunterlagen. Mit unseren Checklisten haben Sie dafür erprobte Arbeitsmaterialien an der Hand, die Ihnen den Weg zur individuellen Bewerbung zeigen. Mit einfachem Zurückblättern zu den Musterbewerbungen können Sie sich immer wieder Unterstützung und Rat holen. Dies gilt sowohl für die äußere Aufmachung von Anschreiben, Lebenslauf, Leistungsbilanz und Deckblatt, aber auch für die inhaltliche Gestaltung.

Präsentieren Sie Ihre Stärken

In unserer Beratungspraxis erleben wir bei der Überprüfung und Verbesserung von Bewerbungsmappen regelmäßig, dass Bewerber viel mehr zu bieten haben, als in ihren Unterlagen sichtbar wird. Fehlender Bewerbungserfolg ist häufig eine Frage der richtigen Präsentation der eigenen Stärken. Bedenken Sie, dass Personalverantwortliche im Regelfall weder Sie noch Ihre speziellen Kenntnisse und Erfahrungen kennen. Sie beginnen mit der schriftlichen Bewerbung also bei null. Vertrauen Sie nicht darauf, dass man in den angeschriebenen Firmen Ihre besonderen Fähigkeiten schon erkennen wird – Sie müssen wesentlich mehr Überzeugungsarbeit leisten. Dies wird Ihnen aber nun gelingen: Unsere Bewerbungsmuster haben Ihnen gezeigt, wie Sie mit Ihren Unterlagen konkrete Einstellungsargumente und handfeste Beispiele Ihrer beruflichen Erfahrungen liefern können.

Der richtige Zuschnitt

Fragt man Personalverantwortliche danach, was sie an Bewerbungsunterlagen am meisten stört, hört man immer wieder, dass Bewerberinnen und Bewerber zu wenig auf die Anforderungen der neuen Stelle eingehen. Neben der Profillosigkeit vieler Bewerbungsunterlagen ist dies ein weiterer kapitaler Fehler. Achten Sie darauf, dass Sie auf die Wünsche der Firmen eingehen. Daher werden Sie Ihre Bewerbungsunterlagen jedes Mal anpassen müssen. Es ist auf keinen Fall damit getan, einmal ein Anschreiben und einmal einen Lebenslauf zu erstellen und sich mit diesen Standardunterlagen auf unterschiedliche Stellen zu bewerben. Im Gegenteil, Sie werden erst dann den gewünschten Bewerbungserfolg haben, wenn Sie Ihre Unterlagen passgenau zuschneiden. Das heißt nicht, dass Sie bei jeder Bewerbung von vorne anfangen müssen, es muss aber aus Ihrer Bewerbung herauszulesen sein, dass Sie sich mit den Forderungen der Firmen auseinander gesetzt haben.

Bekennen Sie sich zu Ihrem individuellen Profil. Stellen Sie Ihre beruflichen Stärken heraus, und gehen Sie auf die Wünsche der Firmen ein. Damit Ihnen dies auch in Vorstellungsgesprächen gelingt, können Sie unsere weiteren praxiserprobten Ratgeber nutzen. Informationen dazu finden Sie im Internet unter www.karriereakademie.de.

Wir wünschen Ihnen viel Erfolg mit Ihren schriftlichen Bewerbungen!

Christian Püttjer und *Uwe Schnierda*